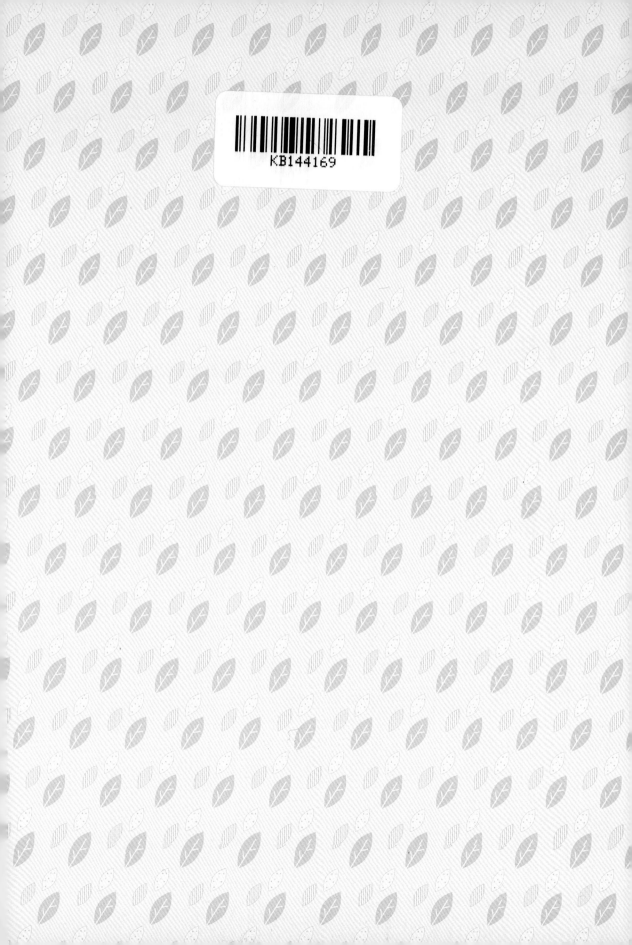

Korean Cooking

NCS 자격검정을 위한
한식조리

한과

한혜영·김경은·김귀순·김옥란·박영미
송경숙·이정기·정외숙·정주희·조태옥

가직무능력표준(NCS : National Competency Standards)은 산업현장의 직무를 성공적으로 수행하기 위해 필요한 능력을 국가적 차원에서 표준화시킨 이다. 이는 교육훈련기관의 교육훈련 과정, 교재 개발 등에 활용되어 산업 수요 맞춤형 인력 양성에 기여함은 물론 근로자를 대상으로 채용, 배치, 진 등의 체크리스트와 자가진단도구로 활용할 수 있다.

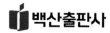

머리말

    과학기술의 발달은 사회 변동을 촉진하고 그 결과 사회는 점점 빠르게 변화되고 있다. 사회가 발달하고 경제상황이 좋아짐에 따라 식생활문화는 더욱 풍요로워졌고, 음식문화에 대한 인식변화를 가져오게 되었다.

    음식은 단순한 영양섭취 목적보다는 건강을 지키고, 오감을 만족시켜 행복지수를 높이며, 음식커뮤니케이션의 기능과 함께 오락기능을 더하고 있는 실정이다.

    이에 전문 조리사는 다양한 직업으로 분업화·세분화되어 활동하게 되는데, 그 인기도는 조리 전문 방송 프로그램이 많아진 것을 보면 쉽게 알 수 있다.

    현재 우리나라는 국가직무능력표준(NCS: National Competency Standards)을 개발하여 산업현장에서 직무를 수행하기 위해 요구되는 지식, 기술, 소양 등의 내용을 국가가 산업부문별·수준별로 체계화하고, 산업현장의 직무를 성공적으로 수행하기 위해 필요한 능력(지식, 기술, 태도)을 국가적 차원에서 표준화하고 있다. 이 책은 조리의 기초적인 부분부터 조리사가 알아야 하는 전반적인 내용을 총 14권에 담고 있어 산업현장에 적합한 인적자원 양성에 도움이 되는 전문서가 될 것으로 생각하며, 조리능력 향상에 길잡이가 될 것으로 믿는다.

    조리학문 발전을 위해 노력하신 많은 선배님들께 감사드리며, 제자 권승아, 배아름, 최호정, 김은빈, 송화용, 권민지, 이수진 그리고 나의 사랑하는 딸 이가은에게 감사한 마음을 전한다. 또한 늘 배려를 아끼지 않으시는 백산출판사 사장님 이하 직원분들께 머리 숙여 깊은 감사를 드린다.

    조리인이여~

    넓은 세상을 보고 많은 꿈을 꾸며, 희망을 가지고 남다른 노력을 하라. 그러면 소망과 꿈은 이루어지리라.

대표저자 한혜영

차례

✽ 한과조리 이론

✽ 한과조리 실기

✲ 조리기능사 실기 품목

한과조리

NCS-학습모듈의 위치

대분류	음식서비스
중분류	식음료조리 · 서비스
소분류	음식조리

세분류		
한식조리	**능력단위**	**학습모듈명**
양식조리	한식 조리실무	한식 조리실무
중식조리	한식 밥 · 죽조리	한식 밥 · 죽조리
일식 · 복어조리	한식 면류조리	한식 면류조리
	한식 국 · 탕조리	한식 국 · 탕조리
	한식 찌개 · 전골조리	한식 찌개 · 전골조리
	한식 찜 · 선조리	한식 찜 · 선조리
	한식 조림 · 초 · 볶음조리	한식 조림 · 초 · 볶음조리
	한식 전 · 적 · 튀김조리	한식 전 · 적 · 튀김조리
	한식 구이조리	한식 구이조리
	한식 생채 · 숙채 · 회조리	한식 생채 · 숙채 · 회조리
	김치조리	김치조리
	음청류조리	음청류조리
	한과조리	**한과조리**
	장아찌조리	장아찌조리

● **분류번호** : 1301010113_14v2

● **능력단위 명칭** : 한과조리

● **능력단위 정의** : 한과조리란 유밀과, 유과, 정과, 숙실과, 강정 등을 곡물에 꿀, 엿, 설탕 등을 넣고 반죽하여 기름에 지지 거나 과일, 열매 등을 조려서 만들 수 있는 조리능력이다.

능력단위요소	수행준거
1301010113_14v2.1 한과 재료 준비하기	1.1 한과에 사용하는 재료를 필요량에 맞게 계량할 수 있다. 1.2 한과의 종류에 맞추어 도구와 재료를 준비할 수 있다. 1.3 재료에 따라 요구되는 전처리를 수행할 수 있다. 【지 식】 • 도구의 종류와 용도 • 재료 선별법 • 재료의 전처리 • 재료의 종류와 특성 • 한과의 종류 【기 술】 • 재료 보관능력 • 재료 자르기 능력 • 재료 전처리능력 • 재료 특성에 따른 계량능력 • 종류에 따른 재료 선별능력 【태 도】 • 관찰태도 • 바른 작업태도 • 반복훈련태도 • 안전사항 준수태도 • 위생관리태도
1301010113_14v2.2 한과 재료 배합하기	2.1 쌀가루나 밀가루에 원하는 색이 나오도록 발색 재료를 첨가, 조절할 수 있다. 2.2 주재료와 부재료를 배합할 수 있다. 2.3 배합한 재료를 용도에 맞게 활용할 수 있다. 【지 식】 • 발색재료의 특성 • 재료 배합방법

1301010113_14v2.2 한과 재료 배합하기	• 재료 배합 비율 • 조리기구 및 기물사용 • 주재료에 따른 부재료 첨가 • 주재료와 부재료의 종류와 특성 【기 술】 • 배합 재료 활용능력 • 재료 첨가와 배합능력 【태 도】 • 관찰태도 • 바른 작업태도 • 반복훈련태도 • 안전사항 준수태도 • 위생관리태도
1301010113_14v2.3 한과 만들기	3.1 한과제조에 필요한 재료를 반죽할 수 있다. 3.2 한과의 종류에 따라 모양을 만들 수 있다. 3.3 한과의 종류에 따라 조리방법을 달리하여 조리할 수 있다. 3.4 꿀이나 설탕시럽에 담가둔 후 꺼내거나 끼었을 수 있다. 3.5 고명을 사용하여 장식할 수 있다.
	【지 식】 • 고명의 종류 • 기름의 종류와 특성 • 재료의 특성 • 재료첨가에 따른 변화 • 전분의 특성 • 한과의 조리방법 • 한과의 종류 【기 술】 • 과편의 전분농도 조절기술 • 균일한 크기와 형태조절능력 • 기름에 튀기는 한과 색상 유지능력 • 다양한 색상을 만드는 기술 • 모양을 내거나 고명 사용기술 • 반죽과 성형기술 • 색상과 당도 조절능력 • 정과를 투명하고 윤기나게 조려내는 기술

1301010113_14v2.3 한과 만들기	**【태 도】** • 관찰태도 • 바른 작업태도 • 반복 훈련태도 • 안전사항 준수태도 • 위생관리태도
1301010113_14v2.4 한과 담아 완성하기	4.1 한과 담을 그릇을 선택할 수 있다. 4.2 색과 모양의 조화를 맞춰 담아낼 수 있다. 4.3 한과 종류에 따라 보관과 저장을 할 수 있다. **【지 식】** • 저장과 보관 • 한과에 따른 그릇 선택 **【기 술】** • 그릇과 조화를 고려하여 담는 능력 • 한과를 저장 보관할 수 있는 능력 • 한과 담는 그릇 선택능력 **【태 도】** • 바른 작업태도 • 반복훈련태도 • 안전사항 준수태도 • 위생관리태도

⊙ 적용범위 및 작업상황

● 고려사항

● 한과조리 능력단위에는 다음 범위가 포함된다.

　－ 한과류 : 매작과, 약과, 도라지정과, 연근정과, 밤초, 대추초, 조란, 율란, 다식, 깨

　　강정, 쌀강정, 강란, 오미자편, 귤편, 포도편 등

● 한과의 전처리란 다듬기, 씻기, 불리기, 수분 제거를 말한다.

● 유과 : 찹쌀가루를 반죽하여 썰어 건조시켰다가 기름에 튀긴 후 고물(깨, 흑임

　자, 잣, 튀밥)을 묻힌 과자이다.

● 숙실과 : 밤, 대추 등을 익혀서 꿀이나 설탕에 조린 밤초, 대추초와, 과일의 열

　매에서 씨를 빼고 무르게 삶아 꿀이나 설탕에 조려 다시 원래 과일 모양이나 다

　른 모양으로 빚어서 계핏가루나 잣가루를 묻힌 율란, 조란, 생란 등의 과자이다.

● 과편 : 과일과 전분, 설탕 등을 조려서 묵처럼 엉기게 하여 만든 과자이다. 과

　일로는 살구나 모과, 앵두, 귤, 버찌, 오미자 등을 쓴다. 대개는 질감이 부드럽

　고 단맛을 낸다.

● 엿강정 : 견과류나 곡물을 튀기거나 볶아서 물엿으로 버무려 만든 과자이다.

● 정과 : 과일이나 생강, 연근, 인삼, 당근, 도라지 따위를 꿀이나 설탕에 재거나

　조려서 만든 과자이다.

● 유밀과 : 밀가루나 찹쌀가루를 반죽하여 과줄판에 찍어내거나 일정한 모양으

　로 빚어 기름에 튀겨낸 다음 꿀이나 조청을 듬뿍 먹이거나 바른다. 매작과, 약

　과, 다식과, 타래과 등의 과자이다.

● 자료 및 관련 서류

● 한식조리 전문서적

- 조리도구 관련서적
- 조리원리 전문서적, 관련 자료
- 식품영양 관련서적
- 식품재료 관련전문서적
- 식품가공 관련서적
- 식품재료의 원가, 구매, 저장 관련서적
- 식품위생법규 전문서적
- 안전관리수칙서적
- 원산지 확인서
- 매뉴얼에 의한 조리과정, 조리결과 체크리스트
- 조리도구 관리 체크리스트
- 식자재 구매 명세서

장비 및 도구

- 조리용 칼, 도마, 냄비, 튀김기기, 약과 틀, 다식 틀, 강정 틀, 계량컵, 계량스푼, 계량저울, 조리용 젓가락, 온도계, 당도계, 체, 타이머 등
- 조리용 불 또는 가열도구
- 위생복, 앞치마, 위생모자, 위생행주, 분리수거용 봉투 등

재료

- 밀가루, 찹쌀가루, 쌀, 콩가루 등
- 과일류, 견과류, 깨(흰깨, 흑임자 등)
- 도라지, 생강, 계피, 잣 등
- 유지류, 설탕, 꿀, 물엿, 소금 등

◉ 평가지침

■ 평가방법

- 평가자는 능력단위 한과조리의 수행준거에 제시되어 있는 내용을 평가하기 위해 이론과 실기를 나누어 평가하거나 종합적인 결과물의 평가 등 다양한 평가방법을 사용할 수 있다.
- 피평가자의 과정평가 및 결과평가 방법

평가방법	평가유형	
	과정평가	결과평가
A. 포트폴리오		✓
B. 문제해결 시나리오		
C. 서술형 시험		✓
D. 논술형 시험		
E. 사례연구		
F. 평가자 질문	✓	✓
G. 평가자 체크리스트	✓	✓
H. 피평가자 체크리스트		
I. 일지/저널		
J. 역할연기		
K. 구두발표		
L. 작업장평가	✓	✓
M. 기타		

- 수행준거에 제시되어 있는 내용을 성공적으로 수행할 수 있는지를 평가해야 한다.
- 평가자는 다음 사항을 평가해야 한다.
  - 위생적인 조리과정
  - 종류에 따른 재료 준비하기
  - 조리의 순서
  - 한과배합능력
  - 한과조리능력
  - 한과조리 완성도
  - 보관, 저장능력
  - 조화롭게 담는 능력

⊙ 직업기초능력

순번	직업기초능력	
	주요 영역	하위영역
1	의사소통능력	문서이해능력, 문서작성능력, 경청능력, 의사표현능력, 기초외국어능력
2	문제해결능력	문제처리능력, 사고력
3	정보능력	컴퓨터 활용능력, 정보처리능력
4	기술능력	기술이해능력, 기술선택능력, 기술적용능력
5	자기개발능력	자아인식능력, 자기관리능력, 경력개발능력
6	직업윤리	근로윤리, 공동체윤리

⊙ 개발 이력

구분		내용
직무명칭		한식조리
분류번호		1301010113_14v2
개발연도	현재	2014
	최초(1차)	2006
버전번호		v2
개발자	현재	(사)한국조리기능장협회
	최초(1차)	한국산업인력공단
향후 보완연도(예정)		2019

한과조리

한과

한과는 쌀이나 밀 등의 곡물가루에 꿀, 엿, 설탕 등을 넣고 반죽하여 기름에 튀기거나 과일, 열매, 식물의 뿌리 등을 꿀로 조리거나 버무려 굳혀서 만든 과자이다. 초기에는 중국 한대에 들어왔다 하여 한과(漢菓)라고도 불리다가 외래과자[양과(洋菓)]와 구별하기 위해 한과(韓菓)로 부르게 되었다. 천연물에 맛을 더하여서 만들었다는 뜻으로 조과라고도 한다.

1. 역사

(1) 삼국시대 및 통일신라시대

《삼국유사》의 〈가락국기 수로왕조〉에 과(菓)가 제수로써 처음 나오고 신문왕 3년(683)에 왕비를 맞이할 때 폐백품목으로 쌀, 술, 장, 꿀, 기름, 메주 등이 기록되어 있는데 쌀, 꿀, 기름 등의 과정류에 필요한 재료가 있었으므로 이미 한과류를 만들었다고 추정할 수 있다. 또한 통일신라시대부터 차 마시는 풍습이 성행하면서 진다례, 다정모임 등의 의식에 따른 다과상이 발달하였고, 과정류가 차와 잘 어울리는 음식이라는 사실로 미루어볼 때 이미 삼국시대에 한과가 만들어졌음을 짐작케 한다. 삼국시대 이전의 문헌에 한과에 대한 구체적인 기록이 없다고 해서 그 당시 한과류가 없었다고 볼 수는 없다.

(2) 고려시대

유밀과는 국가의 불교적 대행사인 연등회연 · 팔관회연뿐만 아니라 공사연회(公私宴

會) 제사에서 필수 음식이었고, 왕공(王公)·귀족·사원의 행사에 반드시 고임상으로 올려졌다. 또한《오주연문장전산고》에 충렬왕 22년(1296) 원나라 세자의 결혼식에 참석하기 위하여 원나라에 간 왕이 결혼식 연회에 본국에서 가져간 유밀과를 차려 그곳 사람들로부터 격찬을 받았다는 기록으로 보아 유밀과가 국외까지 전파되었음과 고려에서는 납폐음식의 하나였음을 알 수 있다. 이로부터 원나라에서 우리나라의 유밀과를 '고려병(高麗餠)'이라 하였으며 고려병을 '약과(藥菓)'라고 부르며 즐겨 찾게 되었다.

《고려사》에 의하면 명종 22년(1192)에는 유밀과의 사용을 금지하고 유밀과 대신 나무열매를 쓰라고 하였으며, 공민왕 2년(1353)에도 유밀과의 사용금지령이 내려졌음으로 미루어볼 때 이 시기에 유밀과가 얼마나 성행했는가를 짐작할 수 있다.

고려시대에는 유밀과뿐만 아니라 다식(茶食)도 만들어졌던 것으로 보인다. 다식은 고려 이전부터 전래하는 전통한과로 고려말의 문신 이목은 팔관회가 끝난 뒤 다식을 받고 "좋은 음식은 역시 오늘날에도 옛 풍습을 그대로 따른 것이다. 구습의 풍에 중국풍이 겹쳐 있으나 잘 씹어 먹어보니 그 달고 좋은 맛이 잇몸과 혀에 스며든다"라고 읊은 시문에서 알 수 있다. 고려가 원에 복속되어 의관은 중국풍으로 바뀌었으나 다식은 옛 맛 그대로여서 좋다는 내용이다. 다식이 그 당시에도 옛날 음식이었다는 것으로 보아 다식의 역사가 오래되었음을 알 수 있다.

(3) 조선시대

조선시대는 고려시대에 이어 과정류가 한국인의 의례식품·기호식품으로 숭상되었으며 왕실, 반가와 귀족들 사이에서 성행하여 세찬(歲饌)이나 제품(祭品), 각종 연회상에서는 빠질 수 없던 행사식으로 쓰였다. 그중에서도 특히 유밀과나 강정 같은 과자는 민가까지 널리 유행하였으며 주로 설날음식이나 혼례, 회갑, 제사음식으로 반드시 만들어야 했다. 이처럼 과정류가 성행하자 이 시대에도 금지령이 내려졌다고 한다. 조선왕조의 종합 법전으로 일컬어지는《대전회통(大典會通)》에 이르기를 "헌수, 혼인, 제향 이외에 조과를 사용하는 사람은 곤장을 맞도록 규정한다"고 하였다.

(4) 근·현대

1900년대 서구의 식생활 문화가 유입되면서 우리 고유의 전통 한과는 서양과자에 밀려 차츰 쇠퇴하기 시작했다. 밀가루·설탕·유제품을 재료로 해서 만든 과자류는 더욱 다양해지고 풍성해진 반면 전통 과정류는 복잡하고 까다로운 공정 때문에 상대적으로 점차 인기를 잃어갔다. 최근에는 의례가 간소화되긴 하였지만 명절, 제사, 혼인, 경사스런 날의 선물로써 한과가 그 명맥을 이어가고 있다.

2. 종류

(1) 유밀과

꿀을 넣고 반죽하여 기름에 튀긴 후 다시 즙청에 담근 것으로 한과 중 가장 사치스럽고 최고급으로 꼽힌다. 불교행사의 고임상에 올려지고, 진상품과 혼례 때의 납폐음식으로 쓰였다. 종류로는 약과, 모약과, 연약과, 다식과, 매작과, 차수과, 박계, 계강과 등이 있다.

《규합총서》에서는 "유밀과를 약과라고 하는데 밀(蜜)은 사시정기(四時精氣)요, 꿀은 온갖 약의 으뜸이요, 기름은 벌레를 죽이고 해독하기 때문"이라고 하였다. 약과는 고려시대부터 만들어 먹었고, 그 명성이 중국까지 퍼졌다고 한다. 약과는 워낙 맛있고 널리 알려진 과자여서 대부분의 옛 음식책에 나와 있을 정도이다. 《음식디미방》에 소개된 '약과 만드는 법'은 "밀가루 1말에 꿀 2되, 기름 5홉, 술 3홉, 끓인 물 3홉을 합해서 반죽하여 모양을 만들고 기름에 지진다. 즙청 1되에 물 1홉 반만 타서 묻힌다"고 하였고, 그 후의 책에서는 반죽에 청주나 소주 등 술을 넣었으며, 즙청할 때 계핏가루, 후춧가루, 생강가루, 생강즙 등을 섞어서 향을 더욱 좋게 하였다.

만두과(饅頭菓)는 대추 소를 넣고 송편 모양으로 빚은 양과를 말한다. 재료는 약과와 같으나, 다진 대추를 꿀로 버무려 소로 넣는다. 송편처럼 빚으려면 약과 반죽보다 약간 질게 해야 빚기가 수월하다.

매엽과(梅葉菓)라고도 하는 매작과(梅雀菓)는 밀가루에 생강을 갈아 넣고 반죽하여 얇게 밀어서 네모나게 썰어 가운데에 칼집을 넣고 뒤집어서 꼬인 모양을 만든 다음 기름에 튀겨 꿀에 즙청한 과자이다. 《조선무쌍신식요리제법》에서는 '매잡과(梅雜菓)'라고 하였다. 재료가 간단하여 만들기가 쉽다. 《시의전서》의 '매작과'는 "진말을 냉수에 반죽하여 얇게 밀어 너비 9푼, 길이 2치로 베어 가운데로 간격이 고르게 세 줄로 가르되, 그 중 가운데 줄을 길게 베어 한 끝을 가운데 구멍으로 뒤집어 반듯하게 가다듬고 지져내어 즙청하고 계핏가루, 잣가루를 뿌린다"고 하였다.

(2) 유과

말린 찹쌀반죽을 기름에 튀겨 팽화시킨 후 각종의 고물을 묻힌 것을 유과라 하는데 크게 강정류 · 산자류 · 빙사과류 · 연사과류 · 요화과류로 나뉜다.

강정은 갸름하게 썰어 말린 찹쌀반죽을 기름에 튀겨 팽화시킨 후 각종의 강정고물을 묻힌 것으로 콩강정, 당귀강정, 깨강정, 흑임자강정, 매화강정, 잣강정, 송화강정, 계피강정, 방울강정, 세반강정 등이 있다.

《규합총서》에서는 강정을 누에고치 같다고 하여 '견병(繭餠)'이라고도 하고, 또 다른 말로 '한구(寒具)'라고도 하였다. 중국에서도 대보름에 누에고치 모양의 과자에 글을 쓴 종잇조각을 넣고 만들어 그해의 화복(禍福)을 점쳤다고 한다. 고려 때부터 잔치나 제사, 특히 세배상에 반드시 오르는 과자로 기록에 남아 있다. 《동국세시기》에서는 "오색 강정이 있는데 설날과 봄철에 인가(人家)의 제물로 실과행렬(實果行列)에 들며, 세찬으로 손님을 대접할 때 없어서는 안 될 음식이다." 하였고, 《열양세시기》에서도 "인가에서는 제사음식 중 강정을 으뜸으로 삼았다"고 하였다.

산자[饊(糤)子]는 납작하게 말린 찹쌀반죽을 기름에 튀겨 매화 또는 밥풀을 묻힌 것으로 착색하기도 한다. 연례나 제례에서 필수음식으로 쓰이는 과정류로 산자의 어의에 대해 《성호사설(星湖僿說)》에는 "쌀알을 튀기면 마치 꽃처럼 부풀어 벌어지므로, 이렇게 만든 고물을 묻힌 유전병류를 산자라 한다"고 하였다. 즉 산자는 고물의 모습에서 붙여진 음식명이다.

(3) 다식

쌀 · 밤 · 콩 등의 곡물을 가루 내어 꿀 또는 조청에 반죽하여 다식판에 박아서 글자 · 기하문양 · 꽃문양 등이 양각으로 나타나게 만든 음식이다.

다식의 다(茶)는 차를 말하므로 당연히 차와 관련이 있다. 1700년대 이익의 《성호사

설》에는 "다식은 분명 중국 송나라의 대소룡단(大小龍團)에서 전해졌을 것이다. 그것은 찻가루를 잔에 담고 저어 먹던 것으로 이름은 그대로 전하나 내용이 바뀌어 지금은 밤이나 송홧가루를 반죽하여 물고기, 새, 꽃, 잎 모양으로 만든다"고 하였다. 송나라의 용단은 차를 떡 덩어리 모양으로 만들어 중국 복건성(福建省) 특산물로 왕에게 진상하던 것인데 송에서 보내 오는 세찬 예물에 꼭 들어 있었고, 우리나라에서도 제사에 차를 썼다고 《삼국유사》에 전한다.

궁중의 잔치 기록서에는 황률다식, 송화다식, 흑임자다식, 녹말다식, 강분다식, 계강다식, 청태다식, 신감초말다식 등의 여덟 가지가 나오며, 그 외에 진말(眞末 : 밀가루)다식, 용안육다식, 잣다식, 상자(橡子 : 상수리나무의 열매)다식, 갈분(葛粉 : 칡뿌릿가루)다식, 잡과(雜果)다식, 산약(山藥)다식 등이 옛 음식책에 나온다.

다식은 조선시대의 제례나 혼례상, 명절의 큰상차림에 없어서는 안 되는 필수품이었다. 다식은 종종 상비약으로 쓰이기도 했는데, 검은깨로 만든 흑임자다식은 식중독에 도토리다식은 기침에 먹었다. 산약다식은 허약한 기를 보하므로 노부모님께 드리면 좋아 효자다식이라고도 불렀다.

다식은 대개 한 가지만 만들지 않고 적어도 삼색 이상 마련하여 함께 어우러지게 담는다.

(4) 정과

정과(正果)는 생과일이나 수분이 적은 식물의 뿌리 또는 열매에 꿀을 넣고 조린 것으로 전과(煎果)라고도 한다. 《조선무쌍신식요리제법》에서는 "이름난 나무 열매[名菓(명과)]와 아름다운 풀 열매[美蓏(미라)]를 꿀에 달여서 볶은 것을 '정과'"라고 했다.

궁중의 잔치에는 연근, 생강, 도라지, 청매, 모과, 산사, 산사육, 동과, 배, 두충, 왜감자, 유자, 천문동으로 만든 정과를 차렸고, 중국에서 들여온 건과로 만드는 당행인, 고현, 건포도, 이포, 피자 정과와 당속정과 20여 가지가 있다. 옛 음식책에는 앞에 나온 정과 외에 들쭉, 호두, 순(蓴), 인삼, 무, 생강, 청행, 도행, 죽순, 송이, 복숭아 정과 등이 나온다.

(5) 숙실과

숙실과(熟實果)란 말 그대로 과일을 익혀서 만든 과자를 말하며 주로 밤, 대추, 잣, 생강 등이 쓰인다. '초(炒)'와 '란(卵)'자를 많이 붙이는데 밤초, 대추초, 율란, 조란, 생강란 등이 있다. 초(炒)자가 붙는 것은 꿀을 넣어 조리듯 볶은 것이고, 란(卵)자가 붙는 것은 재료를 다져 꿀을 넣고 조린 다음 다시 원래 재료 모양으로 빚는 것이다.

(6) 과편

신맛이 나는 과즙에 설탕을 넣고 조리다가 녹말을 넣고 엉기게 하여 그릇에 쏟아 식혀서 알맞은 크기로 썬 음식을 과편(果片)이라 한다. 색상이 아름다워 잔치 때 행사용 음식으로 쓰이거나, 제철 과일을 이용해 만들어두었다가 후식으로 먹는다. 과편은 궁중에서도 후식으로 애용되어 왔다.

(7) 엿

엿은 곡식에 엿기름을 섞어 당화시켜 조린 것으로 우리가 먹는 엿은 찹쌀, 멥쌀, 좁쌀, 수수 같은 곡식을 밥 짓듯이 한 다음 엿기름으로 당화시켜 오랫동안 고은 것으로 엿과 조청이 있다. 묽은 엿은 조청, 더 오래 조려서 굳힌 것은 갱엿, 갱엿을 굳기 전에 여러 차례 잡아 늘인 것을 흰엿(백당)이라고 한다.

(8) 엿강정

엿강정은 여러 가지 견과류나 곡식을 볶거나 그대로 하여 조청 또는 엿물에 서로 엉기게 버무린 것이다. 엿강정의 재료로는 주로 검은깨 · 들깨 · 참깨 · 파란콩 · 검정콩 · 땅콩 · 호두 · 잣 · 쌀 튀긴 것 등을 쓴다.

《주방문(酒方文)》·《요록(要錄)》·《시의전서(是議全書)》 등에 엿 고는 법이나 조청법을 기록하고 있으나 엿강정은 보이지 않다가, 《조선요리제법》·《이조궁정요리통고(李朝宮廷料理通攷)》 등에 기록되어 있다. 현재 일반가정에서는 명절이나 잔치 때 만들고 있다.

✳ 참고문헌

고품격 한과와 음청류(정재홍 외, 형설출판사, 2003)

맛있고 재미있는 한식이야기(㈜한식재단, 한국외식정보, 2013)

우리가 정말 알아야 할 우리 음식 백가지 1(한복진, 현암사, 1998)

한과류의 문헌적 고찰(이철호·맹영선, 한국식문화학회지, 1987)

한국음식(韓國飮食)-역사(歷史)와 조리(調理)-(윤서석, 수학사, 1983)

한국의 전통병과(정길자 외, ㈜교문사, 2010)

한국민족문화대백과

두산백과

memo

모약과

재료

- 밀가루 200g
- 소금 1/2작은술
- 후춧가루 1/3작은술
- 참기름 3½큰술
- 소주 3½큰술
- 튀김기름 6컵
- 대추 2개
- 잣 2큰술

설탕시럽
- 설탕 3큰술
- 물 3큰술
- 물엿 1/2작은술

집청시럽
- 조청 2컵
- 물 4큰술
- 생강 30g

재료 확인하기
❶ 재료의 품질 확인하기

재료 계량하기
❷ 배합표에 따라 재료를 정확하게 계량한다.

도구 준비하기
❸ 작업대, 계량저울, 계량스푼, 계량컵, 조리용 칼, 도마, 채반, 앞치마, 장갑(위생장갑, 면장갑, 고무장갑), 절이는 용기, 위생모자, 위생행주, 분리수거용 봉투 등을 준비한다.

재료 전처리하기
❹ 밀가루는 체로 친다.
❺ 소금은 칼 옆면으로 곱게 으깨어 놓는다.
❻ 대추는 과육만 도려내어 돌돌 말아 썰어 대추꽃을 만들고, 잣은 고깔을 떼어 놓는다.
❼ 생강은 껍질을 벗겨 편으로 썬다.

조리하기
❽ 냄비에 설탕과 물을 부피로 동량 넣고 불에 올려 젓지 않고 중불에서 끓인다. 반 정도 졸았을 때 불을 끄고 물엿을 넣고 고루 섞어 설탕시럽을 만든다.
❾ 조청에 물을 붓고 생강을 넣고 넘치지 않게 끓여 식혀 집청시럽을 만든다.
❿ 밀가루에 소금, 후춧가루를 넣어 고루 섞고 참기름을 넣어 고루 비벼 중간체에 내린다. 체에 내린 가루에 소주와 설탕시럽 3큰술을 섞어 넣어 가루가 보이지 않도록 반죽한다.
⓫ 덩어리 반죽을 반으로 갈라 겹치기를 2~3번 반복한다.
⓬ 반죽을 0.8cm 두께로 고르게 밀대로 민 다음 한입 크기 또는 사방 3.5~4cm 정도로 썰어서 가운데를 꼬치로 찔러주거나 칼집을 낸다.
⓭ 110℃ 정도의 기름에 넣어 켜가 일도록 자주 뒤집으며 튀긴다. 반죽이 떠오르면 140℃의 기름으로 옮겨 튀기거나 서서히 기름의 온도를 160℃ 정도까지 올려 튀긴다.
⓮ 튀겨낸 약과의 기름을 충분히 뺀 뒤 상온에서 식힌 집청시럽에 3시간 이상 담갔다가 건진다.
⓯ 대추 꽃과 비늘잣을 고명으로 올린다.

담아 완성하기
⓰ 모약과 담을 그릇을 선택하여 보기 좋게 담는다.

학습평가

학습내용	평가항목	성취수준 상	성취수준 중	성취수준 하
한과 재료 준비 및 전처리	한과에 사용하는 재료를 필요량에 맞게 계량할 수 있다.			
	한과의 종류에 맞추어 도구와 재료를 준비할 수 있다			
	재료에 따라 요구되는 전처리를 수행할 수 있다.			
한과 재료 배합	주재료와 부재료를 배합할 수 있다.			
	배합한 재료를 용도에 맞게 활용할 수 있다.			
한과 제조	한과 제조에 필요한 재료를 반죽할 수 있다.			
	한과의 종류에 따라 모양을 만들 수 있다.			
	한과의 종류에 따라 조리방법을 달리하여 조리할 수 있다.			
	집청시럽에 담가둔 후 꺼낼 수 있다.			
	고명을 사용하여 장식할 수 있다.			
한과 담아 완성	한과 담을 그릇을 선택할 수 있다.			
	색과 모양의 조화를 맞춰 담아낼 수 있다.			
	한과 종류에 따라 보관과 저장을 할 수 있다.			

학습자 완성품 사진

일일 개인위생 점검표(입실준비)

점검일 : 년 월 일   이름:

점검 항목	착용 및 실시 여부	점검결과		
		양호	보통	미흡
조리모				
두발의 형태에 따른 손질(머리망 등)				
조리복 상의				
조리복 바지				
앞치마				
스카프				
안전화				
손톱의 길이 및 매니큐어 여부				
반지, 시계, 팔찌 등				
짙은 화장				
향수				
손 씻기				
상처유무 및 적절한 조치				
흰색 행주 지참				
사이드 타월				
개인용 조리도구				

일일 위생 점검표(퇴실준비)

점검일 : 년 월 일   이름

점검 항목	실시 여부	점검결과		
		양호	보통	미흡
그릇, 기물 세척 및 정리정돈				
기계, 도구, 장비 세척 및 정리정돈				
작업대 청소 및 물기 제거				
가스레인지 또는 인덕션 청소				
양념통 정리				
남은 재료 정리정돈				
음식 쓰레기 처리				
개수대 청소				
수도 주변 및 세제 관리				
바닥 청소				
청소도구 정리정돈				
전기 및 Gas 체크				

궁중약과

재료

- 밀가루 200g
- 소금 1/2작은술
- 후춧가루 1/8작은술
- 참기름 3큰술
- 튀김기름 3컵
- 잣 2큰술

반죽용

- 생강즙 2큰술
- 꿀 3큰술
- 청주 3큰술

집청시럽

- 설탕 1컵
- 물 1컵
- 계핏가루 1/2작은술
- 생강즙 1작은술
- 꿀 2큰술

재료 확인하기
❶ 재료의 품질 확인하기

재료 계량하기
❷ 배합표에 따라 재료를 정확하게 계량한다.

도구 준비하기
❸ 작업대, 계량저울, 계량스푼, 계량컵, 조리용 칼, 도마, 채반, 앞치마, 장갑(위생장갑, 면장갑, 고무장갑), 절이는 용기, 위생모자, 위생행주, 분리수거용 봉투 등을 준비한다.

재료 전처리하기
❹ 밀가루는 체에 친다.
❺ 소금은 칼 옆면으로 곱게 으깨어 놓는다.
❻ 잣은 고깔을 뗀 뒤 종이를 깔고 곱게 다져 놓는다.

조리하기
❼ 집청시럽은 설탕, 물을 1컵씩 냄비에 담아 중간불에 올려서 젓지 말고 끓이는데 시럽이 1컵 정도가 되도록 한다. 시럽을 식힌 후 꿀을 섞고 계핏가루, 생강즙을 넣어 고루 섞는다.
❽ 밀가루에 소금, 후추를 뿌려 고루 섞는다. 참기름을 넣어 고루 비벼 중간체에 내린다.
❾ 작은 그릇에 생강즙, 꿀, 술을 고루 섞어서 기름 먹인 밀가루에 고루 끼얹어 한데 뭉치면서 덩어리가 되도록 눌러서 반죽을 한다.
❿ 약과판에 기름을 바르거나 랩을 깔고 반죽을 떼어 얹어 꼭꼭 눌러서 박아낸 다음 뒷면에 대꼬치로 구멍을 몇 개씩 낸다.
⓫ 약과 판에서 눌러낸 반죽을 140℃ 정도 기름에 넣어 서서히 온도를 올려 옅은 갈색이 날 때까지 튀긴다.
⓬ 뜨거운 약과를 집청시럽에 3시간 이상 담갔다가 건진다.
⓭ 잣가루를 뿌린다.

담아 완성하기
⓮ 궁중약과 담을 그릇을 선택하여 보기 좋게 담는다.

학습평가

학습내용	평가항목	성취수준		
		상	중	하
한과 재료 준비 및 전처리	한과에 사용하는 재료를 필요량에 맞게 계량할 수 있다.			
	한과의 종류에 맞추어 도구와 재료를 준비할 수 있다			
	재료에 따라 요구되는 전처리를 수행할 수 있다.			
한과 재료 배합	주재료와 부재료를 배합할 수 있다.			
	배합한 재료를 용도에 맞게 활용할 수 있다.			
한과 제조	한과 제조에 필요한 재료를 반죽할 수 있다.			
	한과의 종류에 따라 모양을 만들 수 있다.			
	한과의 종류에 따라 조리방법을 달리하여 조리할 수 있다.			
	집청시럽에 담가둔 후 꺼낼 수 있다.			
	고명을 사용하여 장식할 수 있다.			
한과 담아 완성	한과 담을 그릇을 선택할 수 있다.			
	색과 모양의 조화를 맞춰 담아낼 수 있다.			
	한과 종류에 따라 보관과 저장을 할 수 있다.			

학습자 완성품 사진

일일 개인위생 점검표(입실준비)

점검일 :　　년　　월　　일　　　　이름:

점검 항목	착용 및 실시 여부	점검결과		
		양호	보통	미흡
조리모				
두발의 형태에 따른 손질(머리망 등)				
조리복 상의				
조리복 바지				
앞치마				
스카프				
안전화				
손톱의 길이 및 매니큐어 여부				
반지, 시계, 팔찌 등				
짙은 화장				
향수				
손 씻기				
상처유무 및 적절한 조치				
흰색 행주 지참				
사이드 타월				
개인용 조리도구				

일일 위생 점검표(퇴실준비)

점검일 :　　년　　월　　일　　　　이름

점검 항목	실시 여부	점검결과		
		양호	보통	미흡
그릇, 기물 세척 및 정리정돈				
기계, 도구, 장비 세척 및 정리정돈				
작업대 청소 및 물기 제거				
가스레인지 또는 인덕션 청소				
양념통 정리				
남은 재료 정리정돈				
음식 쓰레기 처리				
개수대 청소				
수도 주변 및 세제 관리				
바닥 청소				
청소도구 정리정돈				
전기 및 Gas 체크				

만두과

재료

- 밀가루 200g
- 소금 1/2작은술
- 후춧가루 1/8작은술
- 참기름 3큰술

대추소
- 대추 100g
- 꿀 2큰술
- 계핏가루 1/2작은술
- 튀김기름 3컵

반죽용
- 생강즙 2큰술
- 꿀 2큰술
- 청주 4큰술

집청시럽
- 설탕 1컵
- 물 1컵
- 꿀 2큰술
- 계핏가루 1/2작은술
- 생강즙 1작은술

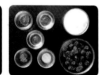

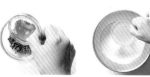

재료 확인하기
❶ 재료의 품질 확인하기

재료 계량하기
❷ 배합표에 따라 재료를 정확하게 계량한다.

도구 준비하기
❸ 작업대, 계량저울, 계량스푼, 계량컵, 조리용 칼, 도마, 채반, 앞치마, 장갑(위생장갑, 면장갑, 고무장갑), 절이는 용기, 위생모자, 위생행주, 분리수거용 봉투 등을 준비한다.

재료 전처리하기
❹ 밀가루는 체에 친다.
❺ 소금은 칼 옆면으로 곱게 으깨어 놓는다.
❻ 대추는 씨를 발라내고 곱게 다진다.

조리하기
❼ 집청시럽은 설탕, 물을 1컵씩 냄비에 담아 중간불에 올려서 젓지 말고 끓이는데 시럽이 1컵 정도가 되도록 한다. 시럽을 식힌 후에 꿀을 섞고 계핏가루, 생강즙을 넣어 고루 섞는다.
❽ 다진 대추에 꿀, 계핏가루를 넣어 고루 섞어 소를 만들고 조그맣게 떼어 놓는다.
❾ 밀가루에 소금, 후추를 넣어 고루 섞는다. 참기름을 넣어 고루 비벼 중간체에 내린다. 작은 그릇에 생강즙, 꿀, 술을 고루 섞어서 기름 먹인 밀가루에 고루 섞어 한데 뭉치면서 덩어리가 되도록 눌러서 반죽을 한다.
❿ 약과 반죽을 밤톨만큼씩 떼어 송편 빚듯이 가운데에 구멍을 내고 소를 넣고 아물러서 가장자리를 새끼처럼 꼬아서 빚는다.
⓫ 빚은 반죽을 140℃ 정도 기름에 넣어 옅은 갈색이 날 때까지 튀긴다. 튀긴 만두과는 집청시럽에 3시간 이상 담갔다가 건진다.

담아 완성하기
⓬ 만두과 담을 그릇을 선택하여 보기 좋게 담는다.

학습평가

학습내용	평가항목	성취수준		
		상	중	하
한과 재료 준비 및 전처리	한과에 사용하는 재료를 필요량에 맞게 계량할 수 있다.			
	한과의 종류에 맞추어 도구와 재료를 준비할 수 있다			
	재료에 따라 요구되는 전처리를 수행할 수 있다.			
한과 재료 배합	주재료와 부재료를 배합할 수 있다.			
	배합한 재료를 용도에 맞게 활용할 수 있다.			
한과 제조	한과 제조에 필요한 재료를 반죽할 수 있다.			
	한과의 종류에 따라 모양을 만들 수 있다.			
	한과의 종류에 따라 조리방법을 달리하여 조리할 수 있다.			
	집청시럽에 담가둔 후 꺼낼 수 있다.			
	고명을 사용하여 장식할 수 있다.			
한과 담아 완성	한과 담을 그릇을 선택할 수 있다.			
	색과 모양의 조화를 맞춰 담아낼 수 있다.			
	한과 종류에 따라 보관과 저장을 할 수 있다.			

학습자 완성품 사진

일일 개인위생 점검표(입실준비)

점검일 :　　 년　 월　 일　　　　　이름:

점검 항목	착용 및 실시 여부	점검결과		
		양호	보통	미흡
조리모				
두발의 형태에 따른 손질(머리망 등)				
조리복 상의				
조리복 바지				
앞치마				
스카프				
안전화				
손톱의 길이 및 매니큐어 여부				
반지, 시계, 팔찌 등				
짙은 화장				
향수				
손 씻기				
상처유무 및 적절한 조치				
흰색 행주 지참				
사이드 타월				
개인용 조리도구				

일일 위생 점검표(퇴실준비)

점검일 :　　 년　 월　 일　　　　　이름

점검 항목	실시 여부	점검결과		
		양호	보통	미흡
그릇, 기물 세척 및 정리정돈				
기계, 도구, 장비 세척 및 정리정돈				
작업대 청소 및 물기 제거				
가스레인지 또는 인덕션 청소				
양념통 정리				
남은 재료 정리정돈				
음식 쓰레기 처리				
개수대 청소				
수도 주변 및 세제 관리				
바닥 청소				
청소도구 정리정돈				
전기 및 Gas 체크				

만주풍과자

재료

- 강력분 75g
- 박력분 75g
- 베이킹파우더 1/3작은술
- 소금 1/2작은술
- 달걀 1개
- 물 2~3큰술
- 땅콩 1/2컵
- 호박씨 약간

시럽

- 설탕 3/4컵
- 물엿 3큰술
- 물 3큰술
- 식용유 1/2큰술

재료 확인하기
❶ 재료의 품질 확인하기

재료 계량하기
❷ 배합표에 따라 재료를 정확하게 계량한다.

도구 준비하기
❸ 작업대, 계량저울, 계량스푼, 계량컵, 조리용 칼, 도마, 채반, 앞치마, 장갑(위생장갑, 면장갑, 고무장갑), 절이는 용기, 위생모자, 위생행주, 분리수거용 봉투 등을 준비한다.

재료 전처리하기
❹ 소금은 칼 옆면으로 곱게 으깨어 놓는다.
❺ 밀가루, 박력분, 베이킹파우더, 소금은 고루 섞어 체에 친다.
❻ 땅콩은 굵게 다진다.
❼ 물과 달걀을 섞는다.

조리하기
❽ 체에 친 ⑤에 달걀물로 말랑말랑하게 반죽을 한다.
❾ 반죽은 3mm 두께로 얇게 밀어서 2~3cm 길이로 채 썬다.
❿ 채 썬 반죽은 10분 정도 겉이 마르도록 둔다.
⓫ 말린 반죽은 160~170℃의 기름에서 엷은 갈색이 나도록 튀겨 기름기를 없앤다.
⓬ 냄비에 물을 넣고 끓으면 설탕, 물엿, 기름을 넣은 뒤 젓지 말고 연한 미색이 나도록 끓인다.
⓭ 튀긴 과자에 시럽을 넣고 재빠르게 섞은 후 땅콩, 호박씨를 넣고 고루 버무린다.
⓮ 틀에 기름을 바르고 버무린 것을 놓고 방망이로 밀어 편다.
⓯ 식어서 덜 굳은 상태에서 알맞은 크기로 썬다(식어서 딱딱해지면 썰 때 부스러진다).

담아 완성하기
⓰ 만주풍과자 담을 그릇을 선택하여 보기 좋게 담는다.

학습평가

학습내용	평가항목	성취수준		
		상	중	하
한과 재료 준비 및 전처리	한과에 사용하는 재료를 필요량에 맞게 계량할 수 있다.			
	한과의 종류에 맞추어 도구와 재료를 준비할 수 있다			
	재료에 따라 요구되는 전처리를 수행할 수 있다.			
한과 재료 배합	주재료와 부재료를 배합할 수 있다.			
	배합한 재료를 용도에 맞게 활용할 수 있다.			
한과 제조	한과 제조에 필요한 재료를 반죽할 수 있다.			
	한과의 종류에 따라 모양을 만들 수 있다.			
	한과의 종류에 따라 조리방법을 달리하여 조리할 수 있다.			
	집청시럽에 담가둔 후 꺼낼 수 있다.			
	고명을 사용하여 장식할 수 있다.			
한과 담아 완성	한과 담을 그릇을 선택할 수 있다.			
	색과 모양의 조화를 맞춰 담아낼 수 있다.			
	한과 종류에 따라 보관과 저장을 할 수 있다.			

학습자 완성품 사진

일일 개인위생 점검표(입실준비)

점검일 : 년 월 일 이름:

점검 항목	착용 및 실시 여부	점검결과		
		양호	보통	미흡
조리모				
두발의 형태에 따른 손질(머리망 등)				
조리복 상의				
조리복 바지				
앞치마				
스카프				
안전화				
손톱의 길이 및 매니큐어 여부				
반지, 시계, 팔찌 등				
짙은 화장				
향수				
손 씻기				
상처유무 및 적절한 조치				
흰색 행주 지참				
사이드 타월				
개인용 조리도구				

일일 위생 점검표(퇴실준비)

점검일 : 년 월 일 이름

점검 항목	실시 여부	점검결과		
		양호	보통	미흡
그릇, 기물 세척 및 정리정돈				
기계, 도구, 장비 세척 및 정리정돈				
작업대 청소 및 물기 제거				
가스레인지 또는 인덕션 청소				
양념통 정리				
남은 재료 정리정돈				
음식 쓰레기 처리				
개수대 청소				
수도 주변 및 세제 관리				
바닥 청소				
청소도구 정리정돈				
전기 및 Gas 체크				

보리새우매작과

재료

- 밀가루 1컵
- 소금 1/2작은술
- 마른 보리새우 20g
- 물 4~5큰술
- 튀김기름 적당량

재료 확인하기
❶ 재료의 품질 확인하기

재료 계량하기
❷ 배합표에 따라 재료를 정확하게 계량한다.

도구 준비하기
❸ 작업대, 계량저울, 계량스푼, 계량컵, 조리용 칼, 도마, 채반, 앞치마, 장갑(위생장갑, 면장갑, 고무장갑), 절이는 용기, 위생모자, 위생행주, 분리수거용 봉투 등을 준비한다.

재료 전처리하기
❹ 밀가루는 체에 친다.
❺ 소금은 칼 옆면으로 곱게 으깨어 놓는다.

조리하기
❻ 보리새우는 팬에 볶아 중간체에 내려 맷돌믹서에 곱게 간다.
❼ 밀가루에 소금, 보리새우 가루를 고루 섞는다. 물을 조금씩 넣어가며 말랑말랑하게 반죽을 한다.
❽ 반죽을 얇게 밀어 5cm×2cm 정도로 자른 뒤 세 군데에 칼집을 내어 뒤집어 튀겨도 좋고, 모양틀로 찍어도 좋다.
❾ 160℃ 정도의 튀김기름에 튀긴 뒤 건져서 기름을 뺀다.

담아 완성하기
❿ 보리새우매작과 담을 그릇을 선택하여 보기 좋게 담는다.

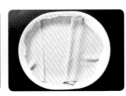
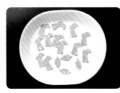

학습내용	평가항목	성취수준		
		상	중	하
한과 재료 준비 및 전처리	한과에 사용하는 재료를 필요량에 맞게 계량할 수 있다.			
	한과의 종류에 맞추어 도구와 재료를 준비할 수 있다			
	재료에 따라 요구되는 전처리를 수행할 수 있다.			
한과 재료 배합	주재료와 부재료를 배합할 수 있다.			
	배합한 재료를 용도에 맞게 활용할 수 있다.			
한과 제조	한과 제조에 필요한 재료를 반죽할 수 있다.			
	한과의 종류에 따라 모양을 만들 수 있다.			
	한과의 종류에 따라 조리방법을 달리하여 조리할 수 있다.			
	집청시럽에 담가둔 후 꺼낼 수 있다.			
	고명을 사용하여 장식할 수 있다.			
한과 담아 완성	한과 담을 그릇을 선택할 수 있다.			
	색과 모양의 조화를 맞춰 담아낼 수 있다.			
	한과 종류에 따라 보관과 저장을 할 수 있다.			

학습자 완성품 사진

일일 개인위생 점검표(입실준비)

점검일 :　년　월　일　　　　　이름:

점검 항목	착용 및 실시 여부	점검결과		
		양호	보통	미흡
조리모				
두발의 형태에 따른 손질(머리망 등)				
조리복 상의				
조리복 바지				
앞치마				
스카프				
안전화				
손톱의 길이 및 매니큐어 여부				
반지, 시계, 팔찌 등				
짙은 화장				
향수				
손 씻기				
상처유무 및 적절한 조치				
흰색 행주 지참				
사이드 타월				
개인용 조리도구				

일일 위생 점검표(퇴실준비)

점검일 :　년　월　일　　　　　이름

점검 항목	실시 여부	점검결과		
		양호	보통	미흡
그릇, 기물 세척 및 정리정돈				
기계, 도구, 장비 세척 및 정리정돈				
작업대 청소 및 물기 제거				
가스레인지 또는 인덕션 청소				
양념통 정리				
남은 재료 정리정돈				
음식 쓰레기 처리				
개수대 청소				
수도 주변 및 세제 관리				
바닥 청소				
청소도구 정리정돈				
전기 및 Gas 체크				

채소과

재료

- 밀가루 1컵
- 소금 1/2작은술
- 생강 15g
- 물 3~4큰술
- 튀김기름 3컵

집청시럽

- 설탕 1컵
- 물 1컵
- 물엿 1큰술
- 계핏가루 1/2작은술

재료 확인하기
❶ 재료의 품질 확인하기

재료 계량하기
❷ 배합표에 따라 재료를 정확하게 계량한다.

도구 준비하기
❸ 작업대, 계량저울, 계량스푼, 계량컵, 조리용 칼, 도마, 채반, 앞치마, 장갑(위생장갑, 면장갑, 고무장갑), 절이는 용기, 위생모자, 위생행주, 분리수거용 봉투 등을 준비한다.

재료 전처리하기
❹ 밀가루는 체에 친다.
❺ 소금은 칼 옆면으로 곱게 으깨어 놓는다.
❻ 생강은 껍질을 벗기고 강판에 간다.

조리하기
❼ 설탕과 물은 냄비에 담아 중간불에 올려 젓지 말고 끓인다. 설탕이 녹으면 불을 줄이고 물엿을 넣어 10분 정도 끓여 1컵 정도가 되도록 한다. 시럽을 식힌 후에 계핏가루를 넣어 고루 섞는다.
❽ 밀가루에 소금을 고루 섞는다. 생강즙과 물을 넣어 말랑하게 반죽한다.
❾ 반죽은 얇게 밀어 길이 30cm, 폭 0.3cm 크기로 잘라서 S자 모양으로 여러 번 구부려 가운데를 묶어 성형하거나 매듭을 지어 성형한다.
❿ 160℃ 정도 기름에 넣어 튀긴다. 모양을 잡으면서 튀기면 반듯하게 모양을 잡을 수 있다.
⓫ 튀긴 채소과는 집청시럽에 담갔다가 망에 건져 여분의 시럽을 뺀다.

담아 완성하기
⓬ 채소과 담을 그릇을 선택하여 보기 좋게 담는다.

학습평가

학습내용	평가항목	성취수준		
		상	중	하
한과 재료 준비 및 전처리	한과에 사용하는 재료를 필요량에 맞게 계량할 수 있다.			
	한과의 종류에 맞추어 도구와 재료를 준비할 수 있다			
	재료에 따라 요구되는 전처리를 수행할 수 있다.			
한과 재료 배합	주재료와 부재료를 배합할 수 있다.			
	배합한 재료를 용도에 맞게 활용할 수 있다.			
한과 제조	한과 제조에 필요한 재료를 반죽할 수 있다.			
	한과의 종류에 따라 모양을 만들 수 있다.			
	한과의 종류에 따라 조리방법을 달리하여 조리할 수 있다.			
	집청시럽에 담가둔 후 꺼낼 수 있다.			
	고명을 사용하여 장식할 수 있다.			
한과 담아 완성	한과 담을 그릇을 선택할 수 있다.			
	색과 모양의 조화를 맞춰 담아낼 수 있다.			
	한과 종류에 따라 보관과 저장을 할 수 있다.			

학습자 완성품 사진

일일 개인위생 점검표(입실준비)

점검일 : 년 월 일   이름:

점검 항목	착용 및 실시 여부	점검결과		
		양호	보통	미흡
조리모				
두발의 형태에 따른 손질(머리망 등)				
조리복 상의				
조리복 바지				
앞치마				
스카프				
안전화				
손톱의 길이 및 매니큐어 여부				
반지, 시계, 팔찌 등				
짙은 화장				
향수				
손 씻기				
상처유무 및 적절한 조치				
흰색 행주 지참				
사이드 타월				
개인용 조리도구				

일일 위생 점검표(퇴실준비)

점검일 : 년 월 일   이름

점검 항목	실시 여부	점검결과		
		양호	보통	미흡
그릇, 기물 세척 및 정리정돈				
기계, 도구, 장비 세척 및 정리정돈				
작업대 청소 및 물기 제거				
가스레인지 또는 인덕션 청소				
양념통 정리				
남은 재료 정리정돈				
음식 쓰레기 처리				
개수대 청소				
수도 주변 및 세제 관리				
바닥 청소				
청소도구 정리정돈				
전기 및 Gas 체크				

계강과

재료

- 메밀가루 1/2컵
- 찹쌀가루 2/3컵
- 소금 1/2작은술
- 생강 10g
- 설탕 2큰술
- 계핏가루 1/2작은술
- 끓는 물 2큰술
- 식용유 2큰술
- 꿀 2큰술
- 잣가루 5큰술

재료 확인하기
❶ 재료의 품질 확인하기

재료 계량하기
❷ 배합표에 따라 재료를 정확하게 계량한다.

도구 준비하기
❸ 작업대, 계량저울, 계량스푼, 계량컵, 조리용 칼, 도마, 채반, 앞치마, 장갑(위생장갑, 면장갑, 고무장갑), 절이는 용기, 위생모자, 위생행주, 분리수거용 봉투 등을 준비한다.

재료 전처리하기
❹ 생강은 껍질을 벗기고 강판에 갈아 생강즙을 만든다.

조리하기
❺ 메밀가루와 찹쌀가루를 섞어 소금을 넣고 중간체에 내린다.
❻ 생강즙, 설탕, 계핏가루를 넣어 골고루 섞고 끓는 물로 말랑말랑하게 반죽을 한다.
❼ 반죽을 작게 떼어 세 모서리에 뿔이 난 생강 모양으로 빚는다.
❽ 김이 오른 찜통에 젖은 면포를 깔고 모양낸 반죽을 얹어 15분 정도 찐다.
❾ 달궈진 팬에 기름을 두르고 쪄낸 반죽을 지진다.
❿ 지져낸 반죽에 꿀을 발라 잣가루를 묻힌다.

담아 완성하기
⓫ 계강과 담을 그릇을 선택하여 보기 좋게 담는다.

학습평가

학습내용	평가항목	성취수준		
		상	중	하
한과 재료 준비 및 전처리	한과에 사용하는 재료를 필요량에 맞게 계량할 수 있다.			
	한과의 종류에 맞추어 도구와 재료를 준비할 수 있다			
	재료에 따라 요구되는 전처리를 수행할 수 있다.			
한과 재료 배합	주재료와 부재료를 배합할 수 있다.			
	배합한 재료를 용도에 맞게 활용할 수 있다.			
한과 제조	한과 제조에 필요한 재료를 반죽할 수 있다.			
	한과의 종류에 따라 모양을 만들 수 있다.			
	한과의 종류에 따라 조리방법을 달리하여 조리할 수 있다.			
	집청시럽에 담가둔 후 꺼낼 수 있다.			
	고명을 사용하여 장식할 수 있다.			
한과 담아 완성	한과 담을 그릇을 선택할 수 있다.			
	색과 모양의 조화를 맞춰 담아낼 수 있다.			
	한과 종류에 따라 보관과 저장을 할 수 있다.			

학습자 완성품 사진

일일 개인위생 점검표(입실준비)

점검일 :　 년　 월　 일　　　 이름:

점검 항목	착용 및 실시 여부	점검결과		
		양호	보통	미흡
조리모				
두발의 형태에 따른 손질(머리망 등)				
조리복 상의				
조리복 바지				
앞치마				
스카프				
안전화				
손톱의 길이 및 매니큐어 여부				
반지, 시계, 팔찌 등				
짙은 화장				
향수				
손 씻기				
상처유무 및 적절한 조치				
흰색 행주 지참				
사이드 타월				
개인용 조리도구				

일일 위생 점검표(퇴실준비)

점검일 :　 년　 월　 일　　　 이름

점검 항목	실시 여부	점검결과		
		양호	보통	미흡
그릇, 기물 세척 및 정리정돈				
기계, 도구, 장비 세척 및 정리정돈				
작업대 청소 및 물기 제거				
가스레인지 또는 인덕션 청소				
양념통 정리				
남은 재료 정리정돈				
음식 쓰레기 처리				
개수대 청소				
수도 주변 및 세제 관리				
바닥 청소				
청소도구 정리정돈				
전기 및 Gas 체크				

곶감쌈

재료

- 주머니곶감 5개
- 호두 7개
- 물엿 약간

재료 확인하기
❶ 재료의 품질 확인하기

재료 계량하기
❷ 배합표에 따라 재료를 정확하게 계량한다.

도구 준비하기
❸ 작업대, 계량저울, 계량스푼, 계량컵, 조리용 칼, 도마, 채반, 앞치
   마, 장갑(위생장갑, 면장갑, 고무장갑), 절이는 용기, 위생모자, 위생
   행주, 분리수거용 봉투 등을 준비한다.

재료 전처리하기
❹ 곶감은 꼭지를 떼어 넓게 편 후 씨를 빼고 밑부분을 약간 썰어낸다.
❺ 호두는 딱딱한 심을 빼고 물엿을 발라 원래 모양대로 붙여준다.

조리하기
❻ 김발 위에 곶감을 조금씩 겹쳐 놓고 호두를 올린 후 김밥 싸듯이 돌
   돌 만다.
❼ 랩을 감아 모양을 고정시킨 후 냉동실에 넣었다가 0.8~1cm 두께로
   썬 뒤 랩을 벗긴다.

담아 완성하기
❽ 곶감쌈 담을 그릇을 선택하여 보기 좋게 담는다.

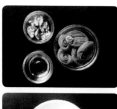

학습내용	평가항목	성취수준		
		상	중	하
한과 재료 준비 및 전처리	한과에 사용하는 재료를 필요량에 맞게 계량할 수 있다.			
	한과의 종류에 맞추어 도구와 재료를 준비할 수 있다			
	재료에 따라 요구되는 전처리를 수행할 수 있다.			
한과 재료 배합	주재료와 부재료를 배합할 수 있다.			
	배합한 재료를 용도에 맞게 활용할 수 있다.			
한과 제조	한과 제조에 필요한 재료를 반죽할 수 있다.			
	한과의 종류에 따라 모양을 만들 수 있다.			
	한과의 종류에 따라 조리방법을 달리하여 조리할 수 있다.			
	집청시럽에 담가둔 후 꺼낼 수 있다.			
	고명을 사용하여 장식할 수 있다.			
한과 담아 완성	한과 담을 그릇을 선택할 수 있다.			
	색과 모양의 조화를 맞춰 담아낼 수 있다.			
	한과 종류에 따라 보관과 저장을 할 수 있다.			

학습자 완성품 사진

일일 개인위생 점검표(입실준비)

점검일 :　　년　　월　　일　　　　이름:

점검 항목	착용 및 실시 여부	점검결과		
		양호	보통	미흡
조리모				
두발의 형태에 따른 손질(머리망 등)				
조리복 상의				
조리복 바지				
앞치마				
스카프				
안전화				
손톱의 길이 및 매니큐어 여부				
반지, 시계, 팔찌 등				
짙은 화장				
향수				
손 씻기				
상처유무 및 적절한 조치				
흰색 행주 지참				
사이드 타월				
개인용 조리도구				

일일 위생 점검표(퇴실준비)

점검일 :　　년　　월　　일　　　　이름

점검 항목	실시 여부	점검결과		
		양호	보통	미흡
그릇, 기물 세척 및 정리정돈				
기계, 도구, 장비 세척 및 정리정돈				
작업대 청소 및 물기 제거				
가스레인지 또는 인덕션 청소				
양념통 정리				
남은 재료 정리정돈				
음식 쓰레기 처리				
개수대 청소				
수도 주변 및 세제 관리				
바닥 청소				
청소도구 정리정돈				
전기 및 Gas 체크				

율란

재료

- 밤 10개
- 소금 1/8작은술
- 꿀 1~2큰술
- 계핏가루 1/8작은술
- 잣가루 3큰술

재료 확인하기
❶ 재료의 품질 확인하기

재료 계량하기
❷ 배합표에 따라 재료를 정확하게 계량한다.

도구 준비하기
❸ 작업대, 계량저울, 계량스푼, 계량컵, 조리용 칼, 도마, 채반, 앞치마, 장갑(위생장갑, 면장갑, 고무장갑), 절이는 용기, 위생모자, 위생행주, 분리수거용 봉투 등을 준비한다.

재료 전처리하기
❹ 밤은 깨끗하게 씻는다.

조리하기
❺ 냄비에 물과 밤을 넣고 30분 정도 끓여 무르게 삶는다.
❻ 밤이 뜨거울 때 껍질을 까고 체에 내려 보슬보슬한 고물을 만든다.
❼ 밤고물에 꿀과 계핏가루, 소금을 넣어 고루 섞는다.
❽ 밤 반죽을 밤톨처럼 빚어 한쪽 끝에 잣가루를 묻혀 담는다. 계핏가루를 잣가루 대신 묻혀도 좋다.

담아 완성하기
❾ 율란 담을 그릇을 선택하여 보기 좋게 담는다.

학습내용	평가항목	성취수준		
		상	중	하
한과 재료 준비 및 전처리	한과에 사용하는 재료를 필요량에 맞게 계량할 수 있다.			
	한과의 종류에 맞추어 도구와 재료를 준비할 수 있다			
	재료에 따라 요구되는 전처리를 수행할 수 있다.			
한과 재료 배합	주재료와 부재료를 배합할 수 있다.			
	배합한 재료를 용도에 맞게 활용할 수 있다.			
한과 제조	한과 제조에 필요한 재료를 반죽할 수 있다.			
	한과의 종류에 따라 모양을 만들 수 있다.			
	한과의 종류에 따라 조리방법을 달리하여 조리할 수 있다.			
	집청시럽에 담가둔 후 꺼낼 수 있다.			
	고명을 사용하여 장식할 수 있다.			
한과 담아 완성	한과 담을 그릇을 선택할 수 있다.			
	색과 모양의 조화를 맞춰 담아낼 수 있다.			
	한과 종류에 따라 보관과 저장을 할 수 있다.			

학습자 완성품 사진

일일 개인위생 점검표(입실준비)

점검일 :　　년　　월　　일　　　　이름:

점검 항목	착용 및 실시 여부	점검결과		
		양호	보통	미흡
조리모				
두발의 형태에 따른 손질(머리망 등)				
조리복 상의				
조리복 바지				
앞치마				
스카프				
안전화				
손톱의 길이 및 매니큐어 여부				
반지, 시계, 팔찌 등				
짙은 화장				
향수				
손 씻기				
상처유무 및 적절한 조치				
흰색 행주 지참				
사이드 타월				
개인용 조리도구				

일일 위생 점검표(퇴실준비)

점검일 :　　년　　월　　일　　　　이름

점검 항목	실시 여부	점검결과		
		양호	보통	미흡
그릇, 기물 세척 및 정리정돈				
기계, 도구, 장비 세척 및 정리정돈				
작업대 청소 및 물기 제거				
가스레인지 또는 인덕션 청소				
양념통 정리				
남은 재료 정리정돈				
음식 쓰레기 처리				
개수대 청소				
수도 주변 및 세제 관리				
바닥 청소				
청소도구 정리정돈				
전기 및 Gas 체크				

조란

재료

- 대추 2컵
- 물 1/2컵
- 설탕 2큰술
- 꿀 1큰술
- 물엿 1큰술
- 소금 약간
- 계핏가루 1/8작은술
- 잣 1큰술

재료 확인하기
❶ 재료의 품질 확인하기

재료 계량하기
❷ 배합표에 따라 재료를 정확하게 계량한다.

도구 준비하기
❸ 작업대, 계량저울, 계량스푼, 계량컵, 조리용 칼, 도마, 채반, 앞치마, 장갑(위생장갑, 면장갑, 고무장갑), 절이는 용기, 위생모자, 위생행주, 분리수거용 봉투 등을 준비한다.

재료 전처리하기
❹ 대추는 젖은 행주로 닦아서 먼지를 없앤다. 씨를 발라내고 곱게 다진다.

조리하기
❺ 냄비에 물, 설탕, 꿀, 물엿, 소금을 넣고 끓인다.
❻ 다진 대추를 넣고 약한 불에서 주걱으로 저으면서 졸인다.
❼ 졸여져서 한 덩어리가 되면 계핏가루를 넣어 고루 섞어 식힌다.
❽ 대추반죽을 조금씩 떼어 대추 모양으로 만들고 끝부분에 잣을 박는다.

담아 완성하기
❾ 조란 담을 그릇을 선택하여 보기 좋게 담는다.

학습내용	평가항목	성취수준		
		상	중	하
한과 재료 준비 및 전처리	한과에 사용하는 재료를 필요량에 맞게 계량할 수 있다.			
	한과의 종류에 맞추어 도구와 재료를 준비할 수 있다			
	재료에 따라 요구되는 전처리를 수행할 수 있다.			
한과 재료 배합	주재료와 부재료를 배합할 수 있다.			
	배합한 재료를 용도에 맞게 활용할 수 있다.			
한과 제조	한과 제조에 필요한 재료를 반죽할 수 있다.			
	한과의 종류에 따라 모양을 만들 수 있다.			
	한과의 종류에 따라 조리방법을 달리하여 조리할 수 있다.			
	집청시럽에 담가둔 후 꺼낼 수 있다.			
	고명을 사용하여 장식할 수 있다.			
한과 담아 완성	한과 담을 그릇을 선택할 수 있다.			
	색과 모양의 조화를 맞춰 담아낼 수 있다.			
	한과 종류에 따라 보관과 저장을 할 수 있다.			

학습자 완성품 사진

일일 개인위생 점검표(입실준비)

점검일 :　년　월　일　　　이름:

점검 항목	착용 및 실시 여부	점검결과		
		양호	보통	미흡
조리모				
두발의 형태에 따른 손질(머리망 등)				
조리복 상의				
조리복 바지				
앞치마				
스카프				
안전화				
손톱의 길이 및 매니큐어 여부				
반지, 시계, 팔찌 등				
짙은 화장				
향수				
손 씻기				
상처유무 및 적절한 조치				
흰색 행주 지참				
사이드 타월				
개인용 조리도구				

일일 위생 점검표(퇴실준비)

점검일 :　년　월　일　　　이름

점검 항목	실시 여부	점검결과		
		양호	보통	미흡
그릇, 기물 세척 및 정리정돈				
기계, 도구, 장비 세척 및 정리정돈				
작업대 청소 및 물기 제거				
가스레인지 또는 인덕션 청소				
양념통 정리				
남은 재료 정리정돈				
음식 쓰레기 처리				
개수대 청소				
수도 주변 및 세제 관리				
바닥 청소				
청소도구 정리정돈				
전기 및 Gas 체크				

생란

재료

- 간 생강 100g
- 물 1컵
- 설탕 50g
- 소금 1/8작은술
- 물엿 1큰술
- 꿀 1/2큰술
- 잣가루 3큰술

재료 확인하기
❶ 재료의 품질 확인하기

재료 계량하기
❷ 배합표에 따라 재료를 정확하게 계량한다.

도구 준비하기
❸ 작업대, 계량저울, 계량스푼, 계량컵, 조리용 칼, 도마, 채반, 앞치마, 장갑(위생장갑, 면장갑, 고무장갑), 절이는 용기, 위생모자, 위생행주, 분리수거용 봉투 등을 준비한다.

재료 전처리하기
❹ 생강은 깨끗하게 씻어 강판에 간 뒤 고운체에 쏟아 건더기만 남긴다. 생강물은 가라앉히고 건더기는 물에 헹구어 매운맛을 없앤다.

조리하기
❺ 냄비에 생강 건더기와 물, 설탕, 소금을 넣어 끓인다. 끓이는 중간에 물엿을 넣고 서서히 졸여 거품을 걷어낸다.
❻ 거의 졸여지면 가라앉힌 생강녹말을 넣어 고루 섞어 조린다.
❼ 꿀을 넣어 조금 더 조리고, 그릇에 펴서 식힌다.
❽ 조린 생강은 삼각뿔이 난 생강 모양으로 빚는다.
❾ 잣가루를 묻힌다.

담아 완성하기
❿ 생란 담을 그릇을 선택하여 보기 좋게 담는다.

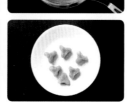

학습평가

학습내용	평가항목	성취수준		
		상	중	하
한과 재료 준비 및 전처리	한과에 사용하는 재료를 필요량에 맞게 계량할 수 있다.			
	한과의 종류에 맞추어 도구와 재료를 준비할 수 있다			
	재료에 따라 요구되는 전처리를 수행할 수 있다.			
한과 재료 배합	주재료와 부재료를 배합할 수 있다.			
	배합한 재료를 용도에 맞게 활용할 수 있다.			
한과 제조	한과 제조에 필요한 재료를 반죽할 수 있다.			
	한과의 종류에 따라 모양을 만들 수 있다.			
	한과의 종류에 따라 조리방법을 달리하여 조리할 수 있다.			
	집청시럽에 담가둔 후 꺼낼 수 있다.			
	고명을 사용하여 장식할 수 있다.			
한과 담아 완성	한과 담을 그릇을 선택할 수 있다.			
	색과 모양의 조화를 맞춰 담아낼 수 있다.			
	한과 종류에 따라 보관과 저장을 할 수 있다.			

학습자 완성품 사진

일일 개인위생 점검표(입실준비)

점검일 : 년 월 일   이름:

점검 항목	착용 및 실시 여부	점검결과		
		양호	보통	미흡
조리모				
두발의 형태에 따른 손질(머리망 등)				
조리복 상의				
조리복 바지				
앞치마				
스카프				
안전화				
손톱의 길이 및 매니큐어 여부				
반지, 시계, 팔찌 등				
짙은 화장				
향수				
손 씻기				
상처유무 및 적절한 조치				
흰색 행주 지참				
사이드 타월				
개인용 조리도구				

일일 위생 점검표(퇴실준비)

점검일 : 년 월 일   이름

점검 항목	실시 여부	점검결과		
		양호	보통	미흡
그릇, 기물 세척 및 정리정돈				
기계, 도구, 장비 세척 및 정리정돈				
작업대 청소 및 물기 제거				
가스레인지 또는 인덕션 청소				
양념통 정리				
남은 재료 정리정돈				
음식 쓰레기 처리				
개수대 청소				
수도 주변 및 세제 관리				
바닥 청소				
청소도구 정리정돈				
전기 및 Gas 체크				

당근란

재료
- 당근 100g
- 물 1½컵

시럽
- 설탕 2큰술
- 물 2큰술
- 물엿 1작은술
- 소금 1/3작은술

재료 확인하기
❶ 재료의 품질 확인하기

재료 계량하기
❷ 배합표에 따라 재료를 정확하게 계량한다.

도구 준비하기
❸ 작업대, 계량저울, 계량스푼, 계량컵, 조리용 칼, 도마, 채반, 앞치마, 장갑(위생장갑, 면장갑, 고무장갑), 절이는 용기, 위생모자, 위생행주, 분리수거용 봉투 등을 준비한다.

재료 전처리하기
❹ 당근은 껍질을 벗겨 얇게 썬다.

조리하기
❺ 냄비에 설탕, 물, 물엿, 소금을 넣고 끓여 시럽을 만든다.
❻ 냄비에 당근과 물을 넣고 푹 삶는다.
❼ 삶은 당근은 고운체에 내린다.
❽ 체에 내린 당근과 시럽을 냄비에 넣어 윤기나게 조린 뒤 식힌다.
❾ 당근 모양 또는 둥근 모양 등으로 만든다.
   * 잣가루, 해바라기씨 등으로 고명을 해도 좋다.

담아 완성하기
❿ 당근란 담을 그릇을 선택하여 보기 좋게 담는다.

학습내용	평가항목	성취수준		
		상	중	하
한과 재료 준비 및 전처리	한과에 사용하는 재료를 필요량에 맞게 계량할 수 있다.			
	한과의 종류에 맞추어 도구와 재료를 준비할 수 있다			
	재료에 따라 요구되는 전처리를 수행할 수 있다.			
한과 재료 배합	주재료와 부재료를 배합할 수 있다.			
	배합한 재료를 용도에 맞게 활용할 수 있다.			
한과 제조	한과 제조에 필요한 재료를 반죽할 수 있다.			
	한과의 종류에 따라 모양을 만들 수 있다.			
	한과의 종류에 따라 조리방법을 달리하여 조리할 수 있다.			
	집청시럽에 담가둔 후 꺼낼 수 있다.			
	고명을 사용하여 장식할 수 있다.			
한과 담아 완성	한과 담을 그릇을 선택할 수 있다.			
	색과 모양의 조화를 맞춰 담아낼 수 있다.			
	한과 종류에 따라 보관과 저장을 할 수 있다.			

학습자 완성품 사진

일일 개인위생 점검표(입실준비)

점검일 :　　 년　　 월　　 일　　　　　　이름:

점검 항목	착용 및 실시 여부	점검결과		
		양호	보통	미흡
조리모				
두발의 형태에 따른 손질(머리망 등)				
조리복 상의				
조리복 바지				
앞치마				
스카프				
안전화				
손톱의 길이 및 매니큐어 여부				
반지, 시계, 팔찌 등				
짙은 화장				
향수				
손 씻기				
상처유무 및 적절한 조치				
흰색 행주 지참				
사이드 타월				
개인용 조리도구				

일일 위생 점검표(퇴실준비)

점검일 :　　 년　　 월　　 일　　　　　　이름

점검 항목	실시 여부	점검결과		
		양호	보통	미흡
그릇, 기물 세척 및 정리정돈				
기계, 도구, 장비 세척 및 정리정돈				
작업대 청소 및 물기 제거				
가스레인지 또는 인덕션 청소				
양념통 정리				
남은 재료 정리정돈				
음식 쓰레기 처리				
개수대 청소				
수도 주변 및 세제 관리				
바닥 청소				
청소도구 정리정돈				
전기 및 Gas 체크				

밤초

재료

- 밤 15개
- 물 1½컵
- 설탕 100g
- 소금 약간
- 치자물 1/2작은술
- 물엿 2큰술
- 꿀 1큰술
- 잣 1작은술

재료 확인하기
❶ 재료의 품질 확인하기

재료 계량하기
❷ 배합표에 따라 재료를 정확하게 계량한다.

도구 준비하기
❸ 작업대, 계량저울, 계량스푼, 계량컵, 조리용 칼, 도마, 채반, 앞치마, 장갑(위생장갑, 면장갑, 고무장갑), 절이는 용기, 위생모자, 위생행주, 분리수거용 봉투 등을 준비한다.

재료 전처리하기
❹ 밤은 속껍질까지 벗겨 물에 씻는다.
❺ 잣은 고깔을 떼서 곱게 다져 놓는다.

조리하기
❻ 물 2컵에 밤을 데친 뒤 헹군다.
❼ 냄비에 물, 설탕, 소금, 치자물을 섞어 끓인다. 물이 끓기 시작하면 데친 밤을 넣어 중불에서 끓인다.
❽ 물이 반으로 줄었을 때 물엿을 넣고 졸이다가 꿀을 넣는다.
❾ 망에 밭쳐 여분의 시럽을 제거한다.
❿ 잣가루를 뿌린다.

담아 완성하기
⓫ 밤초 담을 그릇을 선택하여 보기 좋게 담는다.

학습평가

학습내용	평가항목	성취수준		
		상	중	하
한과 재료 준비 및 전처리	한과에 사용하는 재료를 필요량에 맞게 계량할 수 있다.			
	한과의 종류에 맞추어 도구와 재료를 준비할 수 있다			
	재료에 따라 요구되는 전처리를 수행할 수 있다.			
한과 재료 배합	주재료와 부재료를 배합할 수 있다.			
	배합한 재료를 용도에 맞게 활용할 수 있다.			
한과 제조	한과 제조에 필요한 재료를 반죽할 수 있다.			
	한과의 종류에 따라 모양을 만들 수 있다.			
	한과의 종류에 따라 조리방법을 달리하여 조리할 수 있다.			
	집청시럽에 담가둔 후 꺼낼 수 있다.			
	고명을 사용하여 장식할 수 있다.			
한과 담아 완성	한과 담을 그릇을 선택할 수 있다.			
	색과 모양의 조화를 맞춰 담아낼 수 있다.			
	한과 종류에 따라 보관과 저장을 할 수 있다.			

학습자 완성품 사진

일일 개인위생 점검표(입실준비)

점검일 :　　년　　월　　일　　　　　이름:

점검 항목	착용 및 실시 여부	점검결과		
		양호	보통	미흡
조리모				
두발의 형태에 따른 손질(머리망 등)				
조리복 상의				
조리복 바지				
앞치마				
스카프				
안전화				
손톱의 길이 및 매니큐어 여부				
반지, 시계, 팔찌 등				
짙은 화장				
향수				
손 씻기				
상처유무 및 적절한 조치				
흰색 행주 지참				
사이드 타월				
개인용 조리도구				

일일 위생 점검표(퇴실준비)

점검일 :　　년　　월　　일　　　　　이름

점검 항목	실시 여부	점검결과		
		양호	보통	미흡
그릇, 기물 세척 및 정리정돈				
기계, 도구, 장비 세척 및 정리정돈				
작업대 청소 및 물기 제거				
가스레인지 또는 인덕션 청소				
양념통 정리				
남은 재료 정리정돈				
음식 쓰레기 처리				
개수대 청소				
수도 주변 및 세제 관리				
바닥 청소				
청소도구 정리정돈				
전기 및 Gas 체크				

대추초

재료

- 대추 20개(60g)
- 물 3/4컵
- 설탕 2큰술
- 물엿 1큰술
- 소금 약간
- 꿀 1큰술
- 계핏가루 약간
- 잣 2큰술

재료 확인하기
❶ 재료의 품질 확인하기

재료 계량하기
❷ 배합표에 따라 재료를 정확하게 계량한다.

도구 준비하기
❸ 작업대, 계량저울, 계량스푼, 계량컵, 조리용 칼, 도마, 채반, 앞치마, 장갑(위생장갑, 면장갑, 고무장갑), 절이는 용기, 위생모자, 위생행주, 분리수거용 봉투 등을 준비한다.

재료 전처리하기
❹ 대추는 젖은 행주로 닦아서 먼지를 없앤 뒤 돌려깎아 씨를 제거한다.

조리하기
❺ 김이 오른 찜통에 5분 정도 찐다.
❻ 냄비에 물, 설탕, 물엿, 소금을 넣고 끓어오르면 대추를 넣어 약한 불에서 졸인다.
❼ 국물이 거의 없어지면 꿀과 계핏가루를 넣고 볶듯이 조려 넓은 그릇에 펴서 식힌다.
❽ 대추씨를 뺀 자리에 잣을 서너 개씩 채워서 원래의 대추 모양으로 만든다.

담아 완성하기
❾ 대추초 담을 그릇을 선택하여 보기 좋게 담는다.

학습평가

학습내용	평가항목	성취수준		
		상	중	하
한과 재료 준비 및 전처리	한과에 사용하는 재료를 필요량에 맞게 계량할 수 있다.			
	한과의 종류에 맞추어 도구와 재료를 준비할 수 있다			
	재료에 따라 요구되는 전처리를 수행할 수 있다.			
한과 재료 배합	주재료와 부재료를 배합할 수 있다.			
	배합한 재료를 용도에 맞게 활용할 수 있다.			
한과 제조	한과 제조에 필요한 재료를 반죽할 수 있다.			
	한과의 종류에 따라 모양을 만들 수 있다.			
	한과의 종류에 따라 조리방법을 달리하여 조리할 수 있다.			
	집청시럽에 담가둔 후 꺼낼 수 있다.			
	고명을 사용하여 장식할 수 있다.			
한과 담아 완성	한과 담을 그릇을 선택할 수 있다.			
	색과 모양의 조화를 맞춰 담아낼 수 있다.			
	한과 종류에 따라 보관과 저장을 할 수 있다.			

학습자 완성품 사진

일일 개인위생 점검표(입실준비)

점검일 :　년　월　일　　　　이름:

점검 항목	착용 및 실시 여부	점검결과		
		양호	보통	미흡
조리모				
두발의 형태에 따른 손질(머리망 등)				
조리복 상의				
조리복 바지				
앞치마				
스카프				
안전화				
손톱의 길이 및 매니큐어 여부				
반지, 시계, 팔찌 등				
짙은 화장				
향수				
손 씻기				
상처유무 및 적절한 조치				
흰색 행주 지참				
사이드 타월				
개인용 조리도구				

일일 위생 점검표(퇴실준비)

점검일 :　년　월　일　　　　이름

점검 항목	실시 여부	점검결과		
		양호	보통	미흡
그릇, 기물 세척 및 정리정돈				
기계, 도구, 장비 세척 및 정리정돈				
작업대 청소 및 물기 제거				
가스레인지 또는 인덕션 청소				
양념통 정리				
남은 재료 정리정돈				
음식 쓰레기 처리				
개수대 청소				
수도 주변 및 세제 관리				
바닥 청소				
청소도구 정리정돈				
전기 및 Gas 체크				

연근정과

재료

- 연근 100g
- 식초 1큰술
- 설탕 50g
- 소금 약간
- 물엿 1½큰술
- 꿀 1큰술

재료 확인하기
❶ 재료의 품질 확인하기

재료 계량하기
❷ 배합표에 따라 재료를 정확하게 계량한다.

도구 준비하기
❸ 작업대, 계량저울, 계량스푼, 계량컵, 조리용 칼, 도마, 채반, 앞치마, 장갑(위생장갑, 면장갑, 고무장갑), 절이는 용기, 위생모자, 위생행주, 분리수거용 봉투 등을 준비한다.

재료 전처리하기
❹ 연근은 지름 4cm 정도의 가는 것으로 골라 껍질을 벗겨 0.5cm 두께로 썬다.

조리하기
❺ 끓는 물에 소금, 식초를 넣고 살짝 데쳐 찬물에 헹구어 건진다.
❻ 냄비에 연근과 설탕, 소금을 넣고 연근이 잠길 정도의 물을 부어 중불에서 조린다.
❼ 끓기 시작하면 물엿을 넣고 투명한 색이 나도록 서서히 조린다. 속뚜껑을 덮어 단맛이 고루 배도록 한다.
❽ 물기가 거의 없어지면 꿀을 넣고 꿀맛이 배도록 한다.
❾ 망에 밭쳐 남은 단물을 없앤다.

담아 완성하기
❿ 연근정과 담을 그릇을 선택하여 보기 좋게 담는다.

학습평가

학습내용	평가항목	성취수준		
		상	중	하
한과 재료 준비 및 전처리	한과에 사용하는 재료를 필요량에 맞게 계량할 수 있다.			
	한과의 종류에 맞추어 도구와 재료를 준비할 수 있다			
	재료에 따라 요구되는 전처리를 수행할 수 있다.			
한과 재료 배합	주재료와 부재료를 배합할 수 있다.			
	배합한 재료를 용도에 맞게 활용할 수 있다.			
한과 제조	한과 제조에 필요한 재료를 반죽할 수 있다.			
	한과의 종류에 따라 모양을 만들 수 있다.			
	한과의 종류에 따라 조리방법을 달리하여 조리할 수 있다.			
	집청시럽에 담가둔 후 꺼낼 수 있다.			
	고명을 사용하여 장식할 수 있다.			
한과 담아 완성	한과 담을 그릇을 선택할 수 있다.			
	색과 모양의 조화를 맞춰 담아낼 수 있다.			
	한과 종류에 따라 보관과 저장을 할 수 있다.			

학습자 완성품 사진

일일 개인위생 점검표(입실준비)

점검일 :　년　월　일　　　이름:

점검 항목	착용 및 실시 여부	점검결과		
		양호	보통	미흡
조리모				
두발의 형태에 따른 손질(머리망 등)				
조리복 상의				
조리복 바지				
앞치마				
스카프				
안전화				
손톱의 길이 및 매니큐어 여부				
반지, 시계, 팔찌 등				
짙은 화장				
향수				
손 씻기				
상처유무 및 적절한 조치				
흰색 행주 지참				
사이드 타월				
개인용 조리도구				

일일 위생 점검표(퇴실준비)

점검일 :　년　월　일　　　이름

점검 항목	실시 여부	점검결과		
		양호	보통	미흡
그릇, 기물 세척 및 정리정돈				
기계, 도구, 장비 세척 및 정리정돈				
작업대 청소 및 물기 제거				
가스레인지 또는 인덕션 청소				
양념통 정리				
남은 재료 정리정돈				
음식 쓰레기 처리				
개수대 청소				
수도 주변 및 세제 관리				
바닥 청소				
청소도구 정리정돈				
전기 및 Gas 체크				

도라지정과

재료

- 통도라지 100g
- 설탕 50g
- 물엿 1큰술
- 꿀 1큰술
- 소금 약간

재료 확인하기
❶ 재료의 품질 확인하기

재료 계량하기
❷ 배합표에 따라 재료를 정확하게 계량한다.

도구 준비하기
❸ 작업대, 계량저울, 계량스푼, 계량컵, 조리용 칼, 도마, 채반, 앞치마, 장갑(위생장갑, 면장갑, 고무장갑), 절이는 용기, 위생모자, 위생행주, 분리수거용 봉투 등을 준비한다.

재료 전처리하기
❹ 통도라지는 깨끗하게 씻어 껍질을 벗긴다.
❺ 통도라지를 4cm 길이로 잘라 굵은 것은 4등분하고 가는 것은 2등분한다.

조리하기
❻ 끓는 소금물에 도라지를 데쳐 찬물에 헹군다.
❼ 냄비에 도라지와 설탕, 소금을 넣고 도라지가 잠길 정도의 물을 부어 끓인다.
❽ 끓기 시작하면 물엿을 1/2큰술 넣고 약한 불에서 속뚜껑을 덮고 투명한 색이 나도록 서서히 조린다.
❾ 물기가 거의 없어지면 나머지 물엿을 넣어 윤기를 낸다.
❿ 망에 밭쳐 남은 단물을 없앤다.

담아 완성하기
⓫ 도라지정과 담을 그릇을 선택하여 보기 좋게 담는다.

학습내용	평가항목	성취수준		
		상	중	하
한과 재료 준비 및 전처리	한과에 사용하는 재료를 필요량에 맞게 계량할 수 있다.			
	한과의 종류에 맞추어 도구와 재료를 준비할 수 있다			
	재료에 따라 요구되는 전처리를 수행할 수 있다.			
한과 재료 배합	주재료와 부재료를 배합할 수 있다.			
	배합한 재료를 용도에 맞게 활용할 수 있다.			
한과 제조	한과 제조에 필요한 재료를 반죽할 수 있다.			
	한과의 종류에 따라 모양을 만들 수 있다.			
	한과의 종류에 따라 조리방법을 달리하여 조리할 수 있다.			
	집청시럽에 담가둔 후 꺼낼 수 있다.			
	고명을 사용하여 장식할 수 있다.			
한과 담아 완성	한과 담을 그릇을 선택할 수 있다.			
	색과 모양의 조화를 맞춰 담아낼 수 있다.			
	한과 종류에 따라 보관과 저장을 할 수 있다.			

학습자 완성품 사진

일일 개인위생 점검표(입실준비)

점검일 :　년　월　일　　　　이름:

점검 항목	착용 및 실시 여부	점검결과		
		양호	보통	미흡
조리모				
두발의 형태에 따른 손질(머리망 등)				
조리복 상의				
조리복 바지				
앞치마				
스카프				
안전화				
손톱의 길이 및 매니큐어 여부				
반지, 시계, 팔찌 등				
짙은 화장				
향수				
손 씻기				
상처유무 및 적절한 조치				
흰색 행주 지참				
사이드 타월				
개인용 조리도구				

일일 위생 점검표(퇴실준비)

점검일 :　년　월　일　　　　이름

점검 항목	실시 여부	점검결과		
		양호	보통	미흡
그릇, 기물 세척 및 정리정돈				
기계, 도구, 장비 세척 및 정리정돈				
작업대 청소 및 물기 제거				
가스레인지 또는 인덕션 청소				
양념통 정리				
남은 재료 정리정돈				
음식 쓰레기 처리				
개수대 청소				
수도 주변 및 세제 관리				
바닥 청소				
청소도구 정리정돈				
전기 및 Gas 체크				

무정과

재료

- 무 100g
- 설탕 50g
- 물엿 1큰술
- 꿀 1큰술
- 소금 약간

재료 확인하기
❶ 재료의 품질 확인하기

재료 계량하기
❷ 배합표에 따라 재료를 정확하게 계량한다.

도구 준비하기
❸ 작업대, 계량저울, 계량스푼, 계량컵, 조리용 칼, 도마, 채반, 앞치마, 장갑(위생장갑, 면장갑, 고무장갑), 절이는 용기, 위생모자, 위생행주, 분리수거용 봉투 등을 준비한다.

재료 전처리하기
❹ 무는 껍질을 벗겨 0.2~0.3cm 두께로 썬다.

조리하기
❺ 무는 끓는 물에 살짝 데친다.
❻ 냄비에 썬 무와 설탕, 소금을 넣고 무가 잠길 정도의 물을 부어 끓인다.
❼ 끓기 시작하면 물엿을 1/2큰술 넣고 약한 불에서 속뚜껑을 덮고 투명한 색이 나도록 서서히 조린다.
❽ 물기가 거의 없어지면 나머지 물엿을 넣어 윤기를 낸다.
❾ 망에 밭쳐 남은 단물을 없앤다.
　＊ 무는 둥글게 편으로 썰어 정과를 만들어 장미 모양을 만들거나, 길게 썰어 칼집을 내고 국화꽃 모양으로 만든다.

담아 완성하기
❿ 무정과 담을 그릇을 선택하여 보기 좋게 담는다.

학습평가

학습내용	평가항목	성취수준		
		상	중	하
한과 재료 준비 및 전처리	한과에 사용하는 재료를 필요량에 맞게 계량할 수 있다.			
	한과의 종류에 맞추어 도구와 재료를 준비할 수 있다			
	재료에 따라 요구되는 전처리를 수행할 수 있다.			
한과 재료 배합	주재료와 부재료를 배합할 수 있다.			
	배합한 재료를 용도에 맞게 활용할 수 있다.			
한과 제조	한과 제조에 필요한 재료를 반죽할 수 있다.			
	한과의 종류에 따라 모양을 만들 수 있다.			
	한과의 종류에 따라 조리방법을 달리하여 조리할 수 있다.			
	집청시럽에 담가둔 후 꺼낼 수 있다.			
	고명을 사용하여 장식할 수 있다.			
한과 담아 완성	한과 담을 그릇을 선택할 수 있다.			
	색과 모양의 조화를 맞춰 담아낼 수 있다.			
	한과 종류에 따라 보관과 저장을 할 수 있다.			

학습자 완성품 사진

일일 개인위생 점검표(입실준비)

점검일 :　　년　　월　　일　　　　　이름:

점검 항목	착용 및 실시 여부	점검결과		
		양호	보통	미흡
조리모				
두발의 형태에 따른 손질(머리망 등)				
조리복 상의				
조리복 바지				
앞치마				
스카프				
안전화				
손톱의 길이 및 매니큐어 여부				
반지, 시계, 팔찌 등				
짙은 화장				
향수				
손 씻기				
상처유무 및 적절한 조치				
흰색 행주 지참				
사이드 타월				
개인용 조리도구				

일일 위생 점검표(퇴실준비)

점검일 :　　년　　월　　일　　　　　이름

점검 항목	실시 여부	점검결과		
		양호	보통	미흡
그릇, 기물 세척 및 정리정돈				
기계, 도구, 장비 세척 및 정리정돈				
작업대 청소 및 물기 제거				
가스레인지 또는 인덕션 청소				
양념통 정리				
남은 재료 정리정돈				
음식 쓰레기 처리				
개수대 청소				
수도 주변 및 세제 관리				
바닥 청소				
청소도구 정리정돈				
전기 및 Gas 체크				

감자정과

재료
- 감자 3개
- 소금 1/3작은술

시럽
- 설탕 1컵
- 물엿 3컵
- 백련초가루 약간

재료 확인하기
❶ 재료의 품질 확인하기

재료 계량하기
❷ 배합표에 따라 재료를 정확하게 계량한다.

도구 준비하기
❸ 작업대, 계량저울, 계량스푼, 계량컵, 조리용 칼, 도마, 채반, 앞치마, 장갑(위생장갑, 면장갑, 고무장갑), 절이는 용기, 위생모자, 위생행주, 분리수거용 봉투 등을 준비한다.

재료 전처리하기
❹ 감자는 전분이 많은 것으로 선택하여 껍질을 벗긴 다음 얇게 썰어 물에 담가 녹말을 뺀다.

조리하기
❺ 끓는 소금물에 감자를 데쳐 물기를 제거한다.
❻ 냄비에 물엿, 설탕, 백련초가루를 넣고 설탕이 녹아 말갛게 되도록 끓인 뒤 데친 감자를 넣고 살짝 끓인다.
❼ 체에 밭쳐 시럽을 없앤 뒤 사용한다. 보관할 때는 시럽을 한번 끓여 식힌 뒤 정과를 담가 저장한다.

담아 완성하기
❽ 감자정과 담을 그릇을 선택하여 보기 좋게 담는다.

학습내용	평가항목	성취수준		
		상	중	하
한과 재료 준비 및 전처리	한과에 사용하는 재료를 필요량에 맞게 계량할 수 있다.			
	한과의 종류에 맞추어 도구와 재료를 준비할 수 있다			
	재료에 따라 요구되는 전처리를 수행할 수 있다.			
한과 재료 배합	주재료와 부재료를 배합할 수 있다.			
	배합한 재료를 용도에 맞게 활용할 수 있다.			
한과 제조	한과 제조에 필요한 재료를 반죽할 수 있다.			
	한과의 종류에 따라 모양을 만들 수 있다.			
	한과의 종류에 따라 조리방법을 달리하여 조리할 수 있다.			
	집청시럽에 담가둔 후 꺼낼 수 있다.			
	고명을 사용하여 장식할 수 있다.			
한과 담아 완성	한과 담을 그릇을 선택할 수 있다.			
	색과 모양의 조화를 맞춰 담아낼 수 있다.			
	한과 종류에 따라 보관과 저장을 할 수 있다.			

학습자 완성품 사진

일일 개인위생 점검표(입실준비)

점검일 :　　년　　월　　일　　　　이름:

점검 항목	착용 및 실시 여부	점검결과		
		양호	보통	미흡
조리모				
두발의 형태에 따른 손질(머리망 등)				
조리복 상의				
조리복 바지				
앞치마				
스카프				
안전화				
손톱의 길이 및 매니큐어 여부				
반지, 시계, 팔찌 등				
짙은 화장				
향수				
손 씻기				
상처유무 및 적절한 조치				
흰색 행주 지참				
사이드 타월				
개인용 조리도구				

일일 위생 점검표(퇴실준비)

점검일 :　　년　　월　　일　　　　이름

점검 항목	실시 여부	점검결과		
		양호	보통	미흡
그릇, 기물 세척 및 정리정돈				
기계, 도구, 장비 세척 및 정리정돈				
작업대 청소 및 물기 제거				
가스레인지 또는 인덕션 청소				
양념통 정리				
남은 재료 정리정돈				
음식 쓰레기 처리				
개수대 청소				
수도 주변 및 세제 관리				
바닥 청소				
청소도구 정리정돈				
전기 및 Gas 체크				

편강

재료

- 깐 생강 100g
- 설탕 50g
- 물 1컵
- 소금 약간
- 물엿 1큰술
- 꿀 1큰술
- 설탕 1/2컵

재료 확인하기
❶ 재료의 품질 확인하기

재료 계량하기
❷ 배합표에 따라 재료를 정확하게 계량한다.

도구 준비하기
❸ 작업대, 계량저울, 계량스푼, 계량컵, 조리용 칼, 도마, 채반, 앞치마, 장갑(위생장갑, 면장갑, 고무장갑), 절이는 용기, 위생모자, 위생행주, 분리수거용 봉투 등을 준비한다.

재료 전처리하기
❹ 생강은 0.1cm 두께로 얇게 썬다.

조리하기
❺ 얇게 저민 생강은 끓는 소금물에 데친 뒤 찬물에 헹구어 건진다.
❻ 냄비에 데친 생강, 설탕, 물, 소금을 넣고 센 불에 끓인다.
❼ 끓기 시작하면 불을 약하게 하고 물엿을 넣어 서서히 조린다.
❽ 물기가 거의 없어지면 꿀을 넣고 꿀맛이 배게 한다.
❾ 설탕을 묻혀 망이나 체에 말린다.

담아 완성하기
❿ 편강 담을 그릇을 선택하여 보기 좋게 담는다.

학습평가

학습내용	평가항목	성취수준		
		상	중	하
한과 재료 준비 및 전처리	한과에 사용하는 재료를 필요량에 맞게 계량할 수 있다.			
	한과의 종류에 맞추어 도구와 재료를 준비할 수 있다			
	재료에 따라 요구되는 전처리를 수행할 수 있다.			
한과 재료 배합	주재료와 부재료를 배합할 수 있다.			
	배합한 재료를 용도에 맞게 활용할 수 있다.			
한과 제조	한과 제조에 필요한 재료를 반죽할 수 있다.			
	한과의 종류에 따라 모양을 만들 수 있다.			
	한과의 종류에 따라 조리방법을 달리하여 조리할 수 있다.			
	집청시럽에 담가둔 후 꺼낼 수 있다.			
	고명을 사용하여 장식할 수 있다.			
한과 담아 완성	한과 담을 그릇을 선택할 수 있다.			
	색과 모양의 조화를 맞춰 담아낼 수 있다.			
	한과 종류에 따라 보관과 저장을 할 수 있다.			

학습자 완성품 사진

일일 개인위생 점검표(입실준비)

점검일 : 년 월 일   이름:

점검 항목	착용 및 실시 여부	점검결과		
		양호	보통	미흡
조리모				
두발의 형태에 따른 손질(머리망 등)				
조리복 상의				
조리복 바지				
앞치마				
스카프				
안전화				
손톱의 길이 및 매니큐어 여부				
반지, 시계, 팔찌 등				
짙은 화장				
향수				
손 씻기				
상처유무 및 적절한 조치				
흰색 행주 지참				
사이드 타월				
개인용 조리도구				

일일 위생 점검표(퇴실준비)

점검일 : 년 월 일   이름

점검 항목	실시 여부	점검결과		
		양호	보통	미흡
그릇, 기물 세척 및 정리정돈				
기계, 도구, 장비 세척 및 정리정돈				
작업대 청소 및 물기 제거				
가스레인지 또는 인덕션 청소				
양념통 정리				
남은 재료 정리정돈				
음식 쓰레기 처리				
개수대 청소				
수도 주변 및 세제 관리				
바닥 청소				
청소도구 정리정돈				
전기 및 Gas 체크				

깨엿강정

재료

- 볶은 실깨 1컵
- 볶은 검은깨 1컵

시럽
- 물엿 1/2컵
- 설탕 85~140g
- 물 1큰술
- 소금 약간

고명
- 대추 3개
- 잣 1작은술
- 호박씨 1작은술
- 해바라기씨 2큰술

재료 확인하기
❶ 재료의 품질 확인하기

재료 계량하기
❷ 배합표에 따라 재료를 정확하게 계량한다.

도구 준비하기
❸ 작업대, 계량저울, 계량스푼, 계량컵, 조리용 칼, 도마, 채반, 앞치마, 장갑(위생장갑, 면장갑, 고무장갑), 절이는 용기, 위생모자, 위생행주, 분리수거용 봉투 등을 준비한다.

재료 전처리하기
❹ 대추는 씨를 발라내어 채 썰거나 꽃 모양으로 만든다.
❺ 잣은 반으로 갈라 비늘잣을 만든다.
❻ 호박씨는 반으로 가른다.

조리하기
❼ 냄비에 물엿, 설탕, 물, 소금을 넣어 끓인다. 끓는 물에 시럽을 중탕시켜 사용한다.
❽ 흰깨, 검은깨는 각각 타지 않도록 볶는다.
❾ 따뜻하게 볶아진 깨에 시럽 6~7큰술을 넣어 약한 불에서 실이 많이 보일 때까지 버무린다.
❿ 엿강정 틀에 식용유 바른 비닐을 깔고 버무린 깨가 식기 전에 쏟아 밀대로 얇게 편다.
⓫ 대추채, 비늘잣, 호박씨, 해바라기씨 등을 얹고 밀대로 밀어 엿강정이 굳기 전에 칼로 자른다.
  * 엿강정을 굳힌 뒤 썰어 고명을 얹기도 한다.

담아 완성하기
⓬ 깨엿강정 담을 그릇을 선택하여 보기 좋게 담는다.

학습평가

학습내용	평가항목	성취수준		
		상	중	하
한과 재료 준비 및 전처리	한과에 사용하는 재료를 필요량에 맞게 계량할 수 있다.			
	한과의 종류에 맞추어 도구와 재료를 준비할 수 있다			
	재료에 따라 요구되는 전처리를 수행할 수 있다.			
한과 재료 배합	주재료와 부재료를 배합할 수 있다.			
	배합한 재료를 용도에 맞게 활용할 수 있다.			
한과 제조	한과 제조에 필요한 재료를 반죽할 수 있다.			
	한과의 종류에 따라 모양을 만들 수 있다.			
	한과의 종류에 따라 조리방법을 달리하여 조리할 수 있다.			
	집청시럽에 담가둔 후 꺼낼 수 있다.			
	고명을 사용하여 장식할 수 있다.			
한과 담아 완성	한과 담을 그릇을 선택할 수 있다.			
	색과 모양의 조화를 맞춰 담아낼 수 있다.			
	한과 종류에 따라 보관과 저장을 할 수 있다.			

학습자 완성품 사진

일일 개인위생 점검표(입실준비)

점검일 :   년   월   일   이름:

점검 항목	착용 및 실시 여부	점검결과		
		양호	보통	미흡
조리모				
두발의 형태에 따른 손질(머리망 등)				
조리복 상의				
조리복 바지				
앞치마				
스카프				
안전화				
손톱의 길이 및 매니큐어 여부				
반지, 시계, 팔찌 등				
짙은 화장				
향수				
손 씻기				
상처유무 및 적절한 조치				
흰색 행주 지참				
사이드 타월				
개인용 조리도구				

일일 위생 점검표(퇴실준비)

점검일 :   년   월   일   이름

점검 항목	실시 여부	점검결과		
		양호	보통	미흡
그릇, 기물 세척 및 정리정돈				
기계, 도구, 장비 세척 및 정리정돈				
작업대 청소 및 물기 제거				
가스레인지 또는 인덕션 청소				
양념통 정리				
남은 재료 정리정돈				
음식 쓰레기 처리				
개수대 청소				
수도 주변 및 세제 관리				
바닥 청소				
청소도구 정리정돈				
전기 및 Gas 체크				

호두강정

재료

- 호두 120g
- 물 1컵
- 설탕 60g
- 소금 약간
- 꿀 1큰술
- 튀김기름 3컵

재료 확인하기
❶ 재료의 품질 확인하기

재료 계량하기
❷ 배합표에 따라 재료를 정확하게 계량한다.

도구 준비하기
❸ 작업대, 계량저울, 계량스푼, 계량컵, 조리용 칼, 도마, 채반, 앞치마, 장갑(위생장갑, 면장갑, 고무장갑), 절이는 용기, 위생모자, 위생행주, 분리수거용 봉투 등을 준비한다.

재료 전처리하기
❹ 호두는 뜨거운 물에 10분 정도 담가 쓴맛을 우려낸다.
❺ 호두의 속껍질을 벗긴다.

조리하기
❻ 냄비에 호두, 물, 설탕, 소금을 넣고 끓인다.
❼ 불을 약하게 하여 끓여 물이 반 정도로 줄면 꿀을 넣어 윤기나게 조린다.
❽ 체에 밭쳐 설탕물을 제거한다.
❾ 조린 호두를 140℃의 기름에 갈색이 나게 튀겨낸다.

담아 완성하기
❿ 호두강정 담을 그릇을 선택하여 보기 좋게 담는다.

학습내용	평가항목	성취수준		
		상	중	하
한과 재료 준비 및 전처리	한과에 사용하는 재료를 필요량에 맞게 계량할 수 있다.			
	한과의 종류에 맞추어 도구와 재료를 준비할 수 있다			
	재료에 따라 요구되는 전처리를 수행할 수 있다.			
한과 재료 배합	주재료와 부재료를 배합할 수 있다.			
	배합한 재료를 용도에 맞게 활용할 수 있다.			
한과 제조	한과 제조에 필요한 재료를 반죽할 수 있다.			
	한과의 종류에 따라 모양을 만들 수 있다.			
	한과의 종류에 따라 조리방법을 달리하여 조리할 수 있다.			
	집청시럽에 담가둔 후 꺼낼 수 있다.			
	고명을 사용하여 장식할 수 있다.			
한과 담아 완성	한과 담을 그릇을 선택할 수 있다.			
	색과 모양의 조화를 맞춰 담아낼 수 있다.			
	한과 종류에 따라 보관과 저장을 할 수 있다.			

학습자 완성품 사진

일일 개인위생 점검표(입실준비)

점검일 : 년 월 일   이름:

점검 항목	착용 및 실시 여부	점검결과		
		양호	보통	미흡
조리모				
두발의 형태에 따른 손질(머리망 등)				
조리복 상의				
조리복 바지				
앞치마				
스카프				
안전화				
손톱의 길이 및 매니큐어 여부				
반지, 시계, 팔찌 등				
짙은 화장				
향수				
손 씻기				
상처유무 및 적절한 조치				
흰색 행주 지참				
사이드 타월				
개인용 조리도구				

일일 위생 점검표(퇴실준비)

점검일 : 년 월 일   이름

점검 항목	실시 여부	점검결과		
		양호	보통	미흡
그릇, 기물 세척 및 정리정돈				
기계, 도구, 장비 세척 및 정리정돈				
작업대 청소 및 물기 제거				
가스레인지 또는 인덕션 청소				
양념통 정리				
남은 재료 정리정돈				
음식 쓰레기 처리				
개수대 청소				
수도 주변 및 세제 관리				
바닥 청소				
청소도구 정리정돈				
전기 및 Gas 체크				

잣박산

재료

- 잣 2컵(300g)

시럽
- 설탕 50g
- 물엿 50g
- 소금 약간
- 식초 2/3작은술

재료 확인하기
❶ 재료의 품질 확인하기

재료 계량하기
❷ 배합표에 따라 재료를 정확하게 계량한다.

도구 준비하기
❸ 작업대, 계량저울, 계량스푼, 계량컵, 조리용 칼, 도마, 채반, 앞치마, 장갑(위생장갑, 면장갑, 고무장갑), 절이는 용기, 위생모자, 위생행주, 분리수거용 봉투 등을 준비한다.

재료 전처리하기
❹ 잣은 고깔을 떼고 마른 천으로 닦아 먼지를 제거한다.

조리하기
❺ 냄비에 설탕, 물엿, 소금을 넣은 후 설탕이 녹을 때까지 중간불에서 끓인다. 끓인 시럽에 식초를 넣고 중탕을 한다.
❻ 잣은 기름기 없는 팬에 따뜻하게 볶는다.
❼ 약한 불에 잣을 볶으면서 시럽을 넣어 실이 보일 때까지 버무린다.
❽ 엿강정 틀에 식용유 바른 비닐을 깔고 시럽에 버무린 잣을 쏟아 두께 1cm 정도로 얇게 편다.
❾ 굳어지면 썬다.

담아 완성하기
❿ 잣박산 담을 그릇을 선택하여 보기 좋게 담는다.

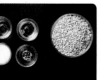    

학습평가

학습내용	평가항목	성취수준		
		상	중	하
한과 재료 준비 및 전처리	한과에 사용하는 재료를 필요량에 맞게 계량할 수 있다.			
	한과의 종류에 맞추어 도구와 재료를 준비할 수 있다			
	재료에 따라 요구되는 전처리를 수행할 수 있다.			
한과 재료 배합	주재료와 부재료를 배합할 수 있다.			
	배합한 재료를 용도에 맞게 활용할 수 있다.			
한과 제조	한과 제조에 필요한 재료를 반죽할 수 있다.			
	한과의 종류에 따라 모양을 만들 수 있다.			
	한과의 종류에 따라 조리방법을 달리하여 조리할 수 있다.			
	집청시럽에 담가둔 후 꺼낼 수 있다.			
	고명을 사용하여 장식할 수 있다.			
한과 담아 완성	한과 담을 그릇을 선택할 수 있다.			
	색과 모양의 조화를 맞춰 담아낼 수 있다.			
	한과 종류에 따라 보관과 저장을 할 수 있다.			

학습자 완성품 사진

일일 개인위생 점검표(입실준비)

점검일 : 년 월 일 이름:

점검 항목	착용 및 실시 여부	점검결과		
		양호	보통	미흡
조리모				
두발의 형태에 따른 손질(머리망 등)				
조리복 상의				
조리복 바지				
앞치마				
스카프				
안전화				
손톱의 길이 및 매니큐어 여부				
반지, 시계, 팔찌 등				
짙은 화장				
향수				
손 씻기				
상처유무 및 적절한 조치				
흰색 행주 지참				
사이드 타월				
개인용 조리도구				

일일 위생 점검표(퇴실준비)

점검일 : 년 월 일 이름

점검 항목	실시 여부	점검결과		
		양호	보통	미흡
그릇, 기물 세척 및 정리정돈				
기계, 도구, 장비 세척 및 정리정돈				
작업대 청소 및 물기 제거				
가스레인지 또는 인덕션 청소				
양념통 정리				
남은 재료 정리정돈				
음식 쓰레기 처리				
개수대 청소				
수도 주변 및 세제 관리				
바닥 청소				
청소도구 정리정돈				
전기 및 Gas 체크				

오미자편

재료

- 오미자 1/2컵(45g)
- 물 4컵
- 녹두녹말 7큰술
- 설탕 1컵
- 소금 약간
- 꿀 2큰술
- 밤 5개

재료 확인하기
❶ 재료의 품질 확인하기

재료 계량하기
❷ 배합표에 따라 재료를 정확하게 계량한다.

도구 준비하기
❸ 작업대, 계량저울, 계량스푼, 계량컵, 조리용 칼, 도마, 채반, 앞치마, 장갑(위생장갑, 면장갑, 고무장갑), 절이는 용기, 위생모자, 위생행주, 분리수거용 봉투 등을 준비한다.

재료 전처리하기
❹ 오미자는 물에 씻어 찬물 4컵을 붓고 하루를 우려낸 후 면포에 거른다.
❺ 밤은 껍질을 제거하고 얇게 편으로 썬다.

조리하기
❻ 냄비에 오미자물, 설탕, 소금, 꿀을 넣어 고루 섞고, 녹두녹말은 동량의 물에 풀어 넣고 함께 끓인다.
❼ 주걱으로 ⑥번을 저으면서 약한 불에 20분 정도 조린다.
❽ 굳힐 그릇에 찬물을 바르고 쏟아 부어 상온에서 굳힌다. 굳으면 썰거나 모양 틀로 찍는다.

담아 완성하기
❾ 오미자편 담을 그릇을 선택하여 보기 좋게 담는다.

학습내용	평가항목	성취수준		
		상	중	하
한과 재료 준비 및 전처리	한과에 사용하는 재료를 필요량에 맞게 계량할 수 있다.			
	한과의 종류에 맞추어 도구와 재료를 준비할 수 있다			
	재료에 따라 요구되는 전처리를 수행할 수 있다.			
한과 재료 배합	주재료와 부재료를 배합할 수 있다.			
	배합한 재료를 용도에 맞게 활용할 수 있다.			
한과 제조	한과 제조에 필요한 재료를 반죽할 수 있다.			
	한과의 종류에 따라 모양을 만들 수 있다.			
	한과의 종류에 따라 조리방법을 달리하여 조리할 수 있다.			
	집청시럽에 담가둔 후 꺼낼 수 있다.			
	고명을 사용하여 장식할 수 있다.			
한과 담아 완성	한과 담을 그릇을 선택할 수 있다.			
	색과 모양의 조화를 맞춰 담아낼 수 있다.			
	한과 종류에 따라 보관과 저장을 할 수 있다.			

학습자 완성품 사진

일일 개인위생 점검표(입실준비)

점검일 :　년　월　일　　　이름:

점검 항목	착용 및 실시 여부	점검결과		
		양호	보통	미흡
조리모				
두발의 형태에 따른 손질(머리망 등)				
조리복 상의				
조리복 바지				
앞치마				
스카프				
안전화				
손톱의 길이 및 매니큐어 여부				
반지, 시계, 팔찌 등				
짙은 화장				
향수				
손 씻기				
상처유무 및 적절한 조치				
흰색 행주 지참				
사이드 타월				
개인용 조리도구				

일일 위생 점검표(퇴실준비)

점검일 :　년　월　일　　　이름

점검 항목	실시 여부	점검결과		
		양호	보통	미흡
그릇, 기물 세척 및 정리정돈				
기계, 도구, 장비 세척 및 정리정돈				
작업대 청소 및 물기 제거				
가스레인지 또는 인덕션 청소				
양념통 정리				
남은 재료 정리정돈				
음식 쓰레기 처리				
개수대 청소				
수도 주변 및 세제 관리				
바닥 청소				
청소도구 정리정돈				
전기 및 Gas 체크				

레몬편

재료

- 레몬 5개(레몬즙 250ml)
- 물 350ml
- 녹두녹말 1/2컵
- 설탕 1¼컵
- 소금 작은술
- 꿀 2큰술

녹두녹말 만들기

❶ 거피한 녹두를 불려 물을 넣고 믹서기에 곱게 간다.

❷ 곱게 간 녹두를 면포에 물을 넣고 여러 번 주물러 짜 건지는 건져내고 물은 가만히 두어 앙금을 가라앉힌다.

❸ 맑은 웃물을 따라 버리고 가라앉은 앙금은 한지 위에 놓아 말린다.

❹ 바싹 마른 앙금은 곱게 갈아 체에 쳐서 사용한다.

재료 확인하기

❶ 재료의 품질 확인하기

재료 계량하기

❷ 배합표에 따라 재료를 정확하게 계량한다.

도구 준비하기

❸ 작업대, 계량저울, 계량스푼, 계량컵, 조리용 칼, 도마, 채반, 앞치마, 장갑(위생장갑, 면장갑, 고무장갑), 절이는 용기, 위생모자, 위생행주, 분리수거용 봉투 등을 준비한다.

재료 전처리하기

❹ 레몬은 껍질을 깨끗이 씻은 후 반으로 잘라 즙을 짠다.

❺ 레몬 1개 분량의 겉껍질만 벗겨 길이 1cm로 채 썬다.

❻ 레몬즙에 물을 섞어 레몬즙 3컵을 만든다.

❼ 레몬즙에 녹두녹말을 덩어리 없이 푼다.

조리하기

❽ 레몬즙에 푼 녹두녹말, 설탕, 소금을 냄비에 넣어 고루 섞고 저으면서 끓인다.

❾ 주걱으로 저으면서 끓기 시작하면 레몬껍질을 넣고 약한 불에 20~25분 정도 조리다 거의 다 되면 꿀을 넣는다.

❿ 굳힐 그릇에 찬물을 바르고 끓인 재료를 부어 상온에서 굳힌다. 굳으면 썰거나 모양 틀로 찍는다.

담아 완성하기

⓫ 레몬편 담을 그릇을 선택하여 보기 좋게 담는다.

학습내용	평가항목	성취수준		
		상	중	하
한과 재료 준비 및 전처리	한과에 사용하는 재료를 필요량에 맞게 계량할 수 있다.			
	한과의 종류에 맞추어 도구와 재료를 준비할 수 있다			
	재료에 따라 요구되는 전처리를 수행할 수 있다.			
한과 재료 배합	주재료와 부재료를 배합할 수 있다.			
	배합한 재료를 용도에 맞게 활용할 수 있다.			
한과 제조	한과 제조에 필요한 재료를 반죽할 수 있다.			
	한과의 종류에 따라 모양을 만들 수 있다.			
	한과의 종류에 따라 조리방법을 달리하여 조리할 수 있다.			
	집청시럽에 담가둔 후 꺼낼 수 있다.			
	고명을 사용하여 장식할 수 있다.			
한과 담아 완성	한과 담을 그릇을 선택할 수 있다.			
	색과 모양의 조화를 맞춰 담아낼 수 있다.			
	한과 종류에 따라 보관과 저장을 할 수 있다.			

학습자 완성품 사진

일일 개인위생 점검표(입실준비)

점검일 :　　년　　월　　일　　　　　이름:

점검 항목	착용 및 실시 여부	점검결과		
		양호	보통	미흡
조리모				
두발의 형태에 따른 손질(머리망 등)				
조리복 상의				
조리복 바지				
앞치마				
스카프				
안전화				
손톱의 길이 및 매니큐어 여부				
반지, 시계, 팔찌 등				
짙은 화장				
향수				
손 씻기				
상처유무 및 적절한 조치				
흰색 행주 지참				
사이드 타월				
개인용 조리도구				

일일 위생 점검표(퇴실준비)

점검일 :　　년　　월　　일　　　　　이름

점검 항목	실시 여부	점검결과		
		양호	보통	미흡
그릇, 기물 세척 및 정리정돈				
기계, 도구, 장비 세척 및 정리정돈				
작업대 청소 및 물기 제거				
가스레인지 또는 인덕션 청소				
양념통 정리				
남은 재료 정리정돈				
음식 쓰레기 처리				
개수대 청소				
수도 주변 및 세제 관리				
바닥 청소				
청소도구 정리정돈				
전기 및 Gas 체크				

콩다식

재료

- 노란 콩가루 1컵
- 청태콩(푸르대콩)가루 1컵
- 기름 약간

시럽

- 물엿 4큰술
- 설탕 2큰술
- 물 2큰술
- 소금 약간
- 꿀 2큰술

콩가루 만들기

노란 콩과 청태콩을 각각 씻어 일어 건진 뒤 김 오른 찜통에 8~10분간 쪄서 타지 않게 볶아 식힌 다음 소금 간을 하여 분쇄기에 갈아 고운체에 내린다.

재료 확인하기

❶ 재료의 품질 확인하기

재료 계량하기

❷ 배합표에 따라 재료를 정확하게 계량한다.

도구 준비하기

❸ 작업대, 계량저울, 계량스푼, 계량컵, 조리용 칼, 도마, 채반, 앞치마, 장갑(위생장갑, 면장갑, 고무장갑), 절이는 용기, 위생모자, 위생행주, 분리수거용 봉투 등을 준비한다.

조리하기

❹ 냄비에 설탕, 물, 소금을 섞어 불에 올려 설탕을 녹인다. 설탕이 녹으면 물엿을 넣고 끓인 뒤 불을 끄고 꿀을 넣어 식힌다.

❺ 각각의 콩가루에 시럽을 조금씩 첨가하여 질지 않게 반죽한다.

❻ 다식판에 기름칠을 얇게 하거나 랩을 깔고 다식을 박아낸다.

담아 완성하기

❼ 콩다식 그릇을 선택하여 보기 좋게 담는다.

학습평가

학습내용	평가항목	성취수준		
		상	중	하
한과 재료 준비 및 전처리	한과에 사용하는 재료를 필요량에 맞게 계량할 수 있다.			
	한과의 종류에 맞추어 도구와 재료를 준비할 수 있다			
	재료에 따라 요구되는 전처리를 수행할 수 있다.			
한과 재료 배합	주재료와 부재료를 배합할 수 있다.			
	배합한 재료를 용도에 맞게 활용할 수 있다.			
한과 제조	한과 제조에 필요한 재료를 반죽할 수 있다.			
	한과의 종류에 따라 모양을 만들 수 있다.			
	한과의 종류에 따라 조리방법을 달리하여 조리할 수 있다.			
	집청시럽에 담가둔 후 꺼낼 수 있다.			
	고명을 사용하여 장식할 수 있다.			
한과 담아 완성	한과 담을 그릇을 선택할 수 있다.			
	색과 모양의 조화를 맞춰 담아낼 수 있다.			
	한과 종류에 따라 보관과 저장을 할 수 있다.			

학습자 완성품 사진

일일 개인위생 점검표(입실준비)

점검일 :　　년　　월　　일　　　　　이름:

점검 항목	착용 및 실시 여부	점검결과		
		양호	보통	미흡
조리모				
두발의 형태에 따른 손질(머리망 등)				
조리복 상의				
조리복 바지				
앞치마				
스카프				
안전화				
손톱의 길이 및 매니큐어 여부				
반지, 시계, 팔찌 등				
짙은 화장				
향수				
손 씻기				
상처유무 및 적절한 조치				
흰색 행주 지참				
사이드 타월				
개인용 조리도구				

일일 위생 점검표(퇴실준비)

점검일 :　　년　　월　　일　　　　　이름

점검 항목	실시 여부	점검결과		
		양호	보통	미흡
그릇, 기물 세척 및 정리정돈				
기계, 도구, 장비 세척 및 정리정돈				
작업대 청소 및 물기 제거				
가스레인지 또는 인덕션 청소				
양념통 정리				
남은 재료 정리정돈				
음식 쓰레기 처리				
개수대 청소				
수도 주변 및 세제 관리				
바닥 청소				
청소도구 정리정돈				
전기 및 Gas 체크				

송화다식

재료

- 송홧가루 1컵
- 소금 약간
- 꿀 4~5큰술
- 기름 약간

재료 확인하기
❶ 재료의 품질 확인하기

재료 계량하기
❷ 배합표에 따라 재료를 정확하게 계량한다.

도구 준비하기
❸ 작업대, 계량저울, 계량스푼, 계량컵, 조리용 칼, 도마, 채반, 앞치마, 장갑(위생장갑, 면장갑, 고무장갑), 절이는 용기, 위생모자, 위생행주, 분리수거용 봉투 등을 준비한다.

재료 전처리하기
❹ 소금은 칼등으로 곱게 다진다.

조리하기
❺ 송홧가루에 소금과 꿀을 넣고 고루 섞어서 한 덩어리가 되도록 오랫동안 반죽한다. 이때 반죽이 질지 않도록 주의한다.
❻ 다식판에 기름칠을 얇게 하거나 랩을 깔고 다식을 박아낸다.

담아 완성하기
❼ 송화다식 그릇을 선택하여 보기 좋게 담는다.

학습평가

학습내용	평가항목	성취수준		
		상	중	하
한과 재료 준비 및 전처리	한과에 사용하는 재료를 필요량에 맞게 계량할 수 있다.			
	한과의 종류에 맞추어 도구와 재료를 준비할 수 있다			
	재료에 따라 요구되는 전처리를 수행할 수 있다.			
한과 재료 배합	주재료와 부재료를 배합할 수 있다.			
	배합한 재료를 용도에 맞게 활용할 수 있다.			
한과 제조	한과 제조에 필요한 재료를 반죽할 수 있다.			
	한과의 종류에 따라 모양을 만들 수 있다.			
	한과의 종류에 따라 조리방법을 달리하여 조리할 수 있다.			
	집청시럽에 담가둔 후 꺼낼 수 있다.			
	고명을 사용하여 장식할 수 있다.			
한과 담아 완성	한과 담을 그릇을 선택할 수 있다.			
	색과 모양의 조화를 맞춰 담아낼 수 있다.			
	한과 종류에 따라 보관과 저장을 할 수 있다.			

학습자 완성품 사진

일일 개인위생 점검표(입실준비)

점검일 :　년　월　일　　　　　이름:

점검 항목	착용 및 실시 여부	점검결과		
		양호	보통	미흡
조리모				
두발의 형태에 따른 손질(머리망 등)				
조리복 상의				
조리복 바지				
앞치마				
스카프				
안전화				
손톱의 길이 및 매니큐어 여부				
반지, 시계, 팔찌 등				
짙은 화장				
향수				
손 씻기				
상처유무 및 적절한 조치				
흰색 행주 지참				
사이드 타월				
개인용 조리도구				

일일 위생 점검표(퇴실준비)

점검일 :　년　월　일　　　　　이름

점검 항목	실시 여부	점검결과		
		양호	보통	미흡
그릇, 기물 세척 및 정리정돈				
기계, 도구, 장비 세척 및 정리정돈				
작업대 청소 및 물기 제거				
가스레인지 또는 인덕션 청소				
양념통 정리				
남은 재료 정리정돈				
음식 쓰레기 처리				
개수대 청소				
수도 주변 및 세제 관리				
바닥 청소				
청소도구 정리정돈				
전기 및 Gas 체크				

흑임자다식

재료

- 흑임자 1컵
- 기름 약간

시럽

- 물엿 70g
- 설탕 2큰술
- 물 2큰술
- 소금 약간
- 꿀 2큰술

재료 확인하기
❶ 재료의 품질 확인하기

재료 계량하기
❷ 배합표에 따라 재료를 정확하게 계량한다.

도구 준비하기
❸ 작업대, 계량저울, 계량스푼, 계량컵, 조리용 칼, 도마, 채반, 앞치마, 장갑(위생장갑, 면장갑, 고무장갑), 절이는 용기, 위생모자, 위생행주, 분리수거용 봉투 등을 준비한다.

재료 전처리하기
❹ 검은깨를 씻어서 물기를 제거하고 볶는다.
❺ 볶은 검은깨는 식혀서 분쇄기에 곱게 갈아 체에 내린다.

조리하기
❻ 냄비에 설탕, 물, 소금을 섞어 불에 올려 설탕을 녹인다. 설탕이 녹으면 물엿을 넣고 끓인 뒤 불을 끄고 꿀을 넣어 식힌다.
❼ 흑임자는 반 정도의 시럽을 넣고 잘 섞어 그릇에 담아 찜통에 넣어 찐다. 20분 정도 쪄낸 후 절구에 넣어 나머지 시럽을 조금씩 넣으며 되기를 조절하며 윤이 날 때까지 찧는다. 키친타월에 눌러 여분의 기름을 짜내고 사용한다. 이때 질어지지 않게 주의한다.
❽ 다식판에 기름칠을 얇게 하거나 랩을 깔고 다식을 박아낸다.

담아 완성하기
❾ 흑임자다식 담을 그릇을 선택하여 보기 좋게 담는다.

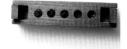

학습평가

학습내용	평가항목	성취수준		
		상	중	하
한과 재료 준비 및 전처리	한과에 사용하는 재료를 필요량에 맞게 계량할 수 있다.			
	한과의 종류에 맞추어 도구와 재료를 준비할 수 있다			
	재료에 따라 요구되는 전처리를 수행할 수 있다.			
한과 재료 배합	주재료와 부재료를 배합할 수 있다.			
	배합한 재료를 용도에 맞게 활용할 수 있다.			
한과 제조	한과 제조에 필요한 재료를 반죽할 수 있다.			
	한과의 종류에 따라 모양을 만들 수 있다.			
	한과의 종류에 따라 조리방법을 달리하여 조리할 수 있다.			
	집청시럽에 담가둔 후 꺼낼 수 있다.			
	고명을 사용하여 장식할 수 있다.			
한과 담아 완성	한과 담을 그릇을 선택할 수 있다.			
	색과 모양의 조화를 맞춰 담아낼 수 있다.			
	한과 종류에 따라 보관과 저장을 할 수 있다.			

학습자 완성품 사진

일일 개인위생 점검표(입실준비)

점검일 :　년　월　일　　　　이름:

점검 항목	착용 및 실시 여부	점검결과		
		양호	보통	미흡
조리모				
두발의 형태에 따른 손질(머리망 등)				
조리복 상의				
조리복 바지				
앞치마				
스카프				
안전화				
손톱의 길이 및 매니큐어 여부				
반지, 시계, 팔찌 등				
짙은 화장				
향수				
손 씻기				
상처유무 및 적절한 조치				
흰색 행주 지참				
사이드 타월				
개인용 조리도구				

일일 위생 점검표(퇴실준비)

점검일 :　년　월　일　　　　이름

점검 항목	실시 여부	점검결과		
		양호	보통	미흡
그릇, 기물 세척 및 정리정돈				
기계, 도구, 장비 세척 및 정리정돈				
작업대 청소 및 물기 제거				
가스레인지 또는 인덕션 청소				
양념통 정리				
남은 재료 정리정돈				
음식 쓰레기 처리				
개수대 청소				
수도 주변 및 세제 관리				
바닥 청소				
청소도구 정리정돈				
전기 및 Gas 체크				

진말다식

재료

- 밀가루 1컵
- 기름 약간

시럽

- 물엿 140g
- 설탕 4큰술
- 물 4큰술
- 소금 약간
- 꿀 4큰술

재료 확인하기
❶ 재료의 품질 확인하기

재료 계량하기
❷ 배합표에 따라 재료를 정확하게 계량한다.

도구 준비하기
❸ 작업대, 계량저울, 계량스푼, 계량컵, 조리용 칼, 도마, 채반, 앞치마, 장갑(위생장갑, 면장갑, 고무장갑), 절이는 용기, 위생모자, 위생행주, 분리수거용 봉투 등을 준비한다.

재료 전처리하기
❹ 밀가루는 고운체에 친다.

조리하기
❺ 밀가루는 기름기 없는 팬에 나무주걱으로 저으면서 노릇하게 볶는다.
❻ 냄비에 설탕, 물, 소금을 섞어 불에 올려 설탕을 녹인다. 설탕이 녹으면 물엿을 넣고 끓인 뒤 불을 끄고 꿀을 넣어 식힌다.
❼ 볶은 밀가루에 시럽을 넣고 되직하게 반죽한다.
❽ 다식판에 기름칠을 얇게 하거나 랩을 깔고 다식을 박아낸다.

담아 완성하기
❾ 진말다식 담을 그릇을 선택하여 보기 좋게 담는다.

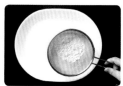

학습내용	평가항목	성취수준		
		상	중	하
한과 재료 준비 및 전처리	한과에 사용하는 재료를 필요량에 맞게 계량할 수 있다.			
	한과의 종류에 맞추어 도구와 재료를 준비할 수 있다			
	재료에 따라 요구되는 전처리를 수행할 수 있다.			
한과 재료 배합	주재료와 부재료를 배합할 수 있다.			
	배합한 재료를 용도에 맞게 활용할 수 있다.			
한과 제조	한과 제조에 필요한 재료를 반죽할 수 있다.			
	한과의 종류에 따라 모양을 만들 수 있다.			
	한과의 종류에 따라 조리방법을 달리하여 조리할 수 있다.			
	집청시럽에 담가둔 후 꺼낼 수 있다.			
	고명을 사용하여 장식할 수 있다.			
한과 담아 완성	한과 담을 그릇을 선택할 수 있다.			
	색과 모양의 조화를 맞춰 담아낼 수 있다.			
	한과 종류에 따라 보관과 저장을 할 수 있다.			

학습자 완성품 사진

일일 개인위생 점검표(입실준비)

점검일 : 년 월 일   이름:

점검 항목	착용 및 실시 여부	점검결과		
		양호	보통	미흡
조리모				
두발의 형태에 따른 손질(머리망 등)				
조리복 상의				
조리복 바지				
앞치마				
스카프				
안전화				
손톱의 길이 및 매니큐어 여부				
반지, 시계, 팔찌 등				
짙은 화장				
향수				
손 씻기				
상처유무 및 적절한 조치				
흰색 행주 지참				
사이드 타월				
개인용 조리도구				

일일 위생 점검표(퇴실준비)

점검일 : 년 월 일   이름

점검 항목	실시 여부	점검결과		
		양호	보통	미흡
그릇, 기물 세척 및 정리정돈				
기계, 도구, 장비 세척 및 정리정돈				
작업대 청소 및 물기 제거				
가스레인지 또는 인덕션 청소				
양념통 정리				
남은 재료 정리정돈				
음식 쓰레기 처리				
개수대 청소				
수도 주변 및 세제 관리				
바닥 청소				
청소도구 정리정돈				
전기 및 Gas 체크				

양갱

재료

- 마른 한천 8g
- 물 2컵
- 설탕 100~150g
- 팥앙금 200g
- 소금 1/4작은술
- 물엿 20g
- 통조림 밤 9개

재료 확인하기
❶ 재료의 품질 확인하기

재료 계량하기
❷ 배합표에 따라 재료를 정확하게 계량한다.

도구 준비하기
❸ 작업대, 계량저울, 계량스푼, 계량컵, 조리용 칼, 도마, 채반, 앞치마, 장갑(위생장갑, 면장갑, 고무장갑), 절이는 용기, 위생모자, 위생행주, 분리수거용 봉투 등을 준비한다.

재료 전처리하기
❹ 마른 한천은 물에 2시간 이상 불려서 깨끗이 씻은 뒤 체에 건져 물기를 뺀다.
❺ 통조림 밤은 1cm 크기로 썬다.

조리하기
❻ 냄비에 불린 한천과 물을 넣고 한천 덩어리가 없도록 끓인다.
❼ 냄비에 체에 거른 한천과 팥앙금, 소금을 넣고 주걱으로 저으면서 끓인다. 거품이 나면 불을 약하게 하여 눕지 않도록 저으면서 15분 정도 끓인다.
❽ 불에서 내리기 전에 물엿을 넣어 고루 저으면서 끓인다.
❾ 굳힐 그릇의 안쪽에 물을 발라주고 통조림 밤을 넣은 뒤 끓인 재료를 그릇에 부어 실온에서 굳힌다.
❿ 틀로 찍거나 칼로 먹기 좋게 썬다.

담아 완성하기
⓫ 양갱 담을 그릇을 선택하여 보기 좋게 담는다.

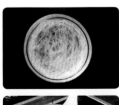

학습내용	평가항목	성취수준		
		상	중	하
한과 재료 준비 및 전처리	한과에 사용하는 재료를 필요량에 맞게 계량할 수 있다.			
	한과의 종류에 맞추어 도구와 재료를 준비할 수 있다			
	재료에 따라 요구되는 전처리를 수행할 수 있다.			
한과 재료 배합	주재료와 부재료를 배합할 수 있다.			
	배합한 재료를 용도에 맞게 활용할 수 있다.			
한과 제조	한과 제조에 필요한 재료를 반죽할 수 있다.			
	한과의 종류에 따라 모양을 만들 수 있다.			
	한과의 종류에 따라 조리방법을 달리하여 조리할 수 있다.			
	집청시럽에 담가둔 후 꺼낼 수 있다.			
	고명을 사용하여 장식할 수 있다.			
한과 담아 완성	한과 담을 그릇을 선택할 수 있다.			
	색과 모양의 조화를 맞춰 담아낼 수 있다.			
	한과 종류에 따라 보관과 저장을 할 수 있다.			

학습자 완성품 사진

일일 개인위생 점검표(입실준비)

점검일 :   년   월   일   이름:

점검 항목	착용 및 실시 여부	점검결과		
		양호	보통	미흡
조리모				
두발의 형태에 따른 손질(머리망 등)				
조리복 상의				
조리복 바지				
앞치마				
스카프				
안전화				
손톱의 길이 및 매니큐어 여부				
반지, 시계, 팔찌 등				
짙은 화장				
향수				
손 씻기				
상처유무 및 적절한 조치				
흰색 행주 지참				
사이드 타월				
개인용 조리도구				

일일 위생 점검표(퇴실준비)

점검일 :   년   월   일   이름

점검 항목	실시 여부	점검결과		
		양호	보통	미흡
그릇, 기물 세척 및 정리정돈				
기계, 도구, 장비 세척 및 정리정돈				
작업대 청소 및 물기 제거				
가스레인지 또는 인덕션 청소				
양념통 정리				
남은 재료 정리정돈				
음식 쓰레기 처리				
개수대 청소				
수도 주변 및 세제 관리				
바닥 청소				
청소도구 정리정돈				
전기 및 Gas 체크				

매작과

재료

- 밀가루 1컵
- 소금 1/2작은술
- 생강 15g
- 물 3~4큰술
- 튀김기름 3컵
- 잣 1큰술

집청시럽

- 설탕 1컵
- 물 1컵
- 물엿 1큰술
- 계핏가루 1/2작은술

재료 확인하기
❶ 재료의 품질 확인하기

재료 계량하기
❷ 배합표에 따라 재료를 정확하게 계량한다.

도구 준비하기
❸ 작업대, 계량저울, 계량스푼, 계량컵, 조리용 칼, 도마, 채반, 앞치마, 장갑(위생장갑, 면장갑, 고무장갑), 절이는 용기, 위생모자, 위생행주, 분리수거용 봉투 등을 준비한다.

재료 전처리하기
❹ 밀가루는 체에 친다.
❺ 소금은 칼 옆면으로 곱게 으깨어 놓는다.
❻ 생강은 껍질을 벗기고 강판에 간다.
❼ 잣은 고깔을 떼고 곱게 다져 놓는다.

조리하기
❽ 설탕과 물은 냄비에 담아 중간불에 올려 젓지 말고 끓인다. 설탕이 녹으면 불을 줄인 뒤 물엿을 넣고 10분 정도 끓여 1컵 정도가 되도록 한다. 시럽을 식힌 후 계핏가루를 넣고 고루 섞어 집청시럽을 만든다.
❾ 밀가루에 소금을 고루 섞는다. 생강즙과 물로 말랑하게 반죽한다.
❿ 반죽은 얇게 밀어 길이 5cm, 폭 2cm 크기로 잘라서 칼집을 세 군데 넣는다. 가운데 칼집 사이로 한번 뒤집는다.
⓫ 160℃ 정도의 기름에 넣어 튀긴다. 모양을 잡으면서 튀기면 반듯하게 모양을 잡을 수 있다.
⓬ 튀긴 매작과는 집청시럽에 담갔다가 망에 건져 여분의 시럽을 뺀다.
⓭ 잣가루를 뿌린다.

담아 완성하기
⓮ 매작과 담을 그릇을 선택하여 보기 좋게 담는다.

※ **주어진 재료를 사용하여 다음과 같이 매작과를 만드시오.**

가. 매작과는 크기가 균일하게 2cm×5cm×0.3cm 정도로 만드시오.

나. 매작과 모양은 중앙에 세 군데 칼집을 넣으시오.

다. 시럽을 사용하고 잣가루를 뿌려 10개를 제출하시오.

1) 밀가루의 반죽상태에 유의한다.

2) 매작과를 튀기기할 때 기름온도에 주의한다.

3) 조리작품 만드는 순서는 틀리지 않게 하여야 한다.

4) 숙련된 기능으로 맛을 내야 하므로 조리작업 시 음식의 맛을 보지 않는다.

5) 지정된 수험자지참준비물 이외의 조리기구나 재료를 시험장 내에 지참할 수 없다.

6) 지급재료는 시험 전 확인하여 이상이 있을 경우 시험위원으로부터 조치를 받고 시험도중에는 재료의 교환 및 추가지급은 하지 않는다.

7) 다음과 같은 경우에는 채점대상에서 제외한다.

　가) 시험시간 내에 과제 두 가지를 제출하지 못한 경우 : 미완성

　나) 시험시간 내에 제출된 과제라도 다음과 같은 경우

　　(1) 문제의 요구사항대로 작품의 수량이 만들어지지 않은 경우 : 미완성

　　(2) 해당과제의 지급재료 이외의 재료를 사용한 경우 : 오작

　　(3) 구이를 찜으로 조리하는 등과 같이 조리방법을 다르게 한 경우 : 오작

　　(4) 불을 사용하여 만든 조리작품이 작품특성에 벗어나는 정도로 타거나 익지 않은 경우 : 실격

　　(5) 가스레인지 화구를 2개 이상 사용한 경우 : 실격

　　(6) 시험 중 시설·장비(칼, 가스레인지 등) 사용 시 감독위원 및 타 수험자의 시험 진행에 위협이 될 것으로 감독위원 전원이 합의하여 판단한 경우 : 실격

8) 항목별 배점은 위생상태 및 안전관리 5점, 조리기술 30점, 작품의 평가 15점이다.

학습평가

학습내용	평가항목	성취수준		
		상	중	하
한과 재료 준비 및 전처리	한과에 사용하는 재료를 필요량에 맞게 계량할 수 있다.			
	한과의 종류에 맞추어 도구와 재료를 준비할 수 있다			
	재료에 따라 요구되는 전처리를 수행할 수 있다.			
한과 재료 배합	주재료와 부재료를 배합할 수 있다.			
	배합한 재료를 용도에 맞게 활용할 수 있다.			
한과 제조	한과 제조에 필요한 재료를 반죽할 수 있다.			
	한과의 종류에 따라 모양을 만들 수 있다.			
	한과의 종류에 따라 조리방법을 달리하여 조리할 수 있다.			
	집청시럽에 담가둔 후 꺼낼 수 있다.			
	고명을 사용하여 장식할 수 있다.			
한과 담아 완성	한과 담을 그릇을 선택할 수 있다.			
	색과 모양의 조화를 맞춰 담아낼 수 있다.			
	한과 종류에 따라 보관과 저장을 할 수 있다.			

학습자 완성품 사진

일일 개인위생 점검표(입실준비)

점검일 :   년   월   일   이름:

점검 항목	착용 및 실시 여부	점검결과		
		양호	보통	미흡
조리모				
두발의 형태에 따른 손질(머리망 등)				
조리복 상의				
조리복 바지				
앞치마				
스카프				
안전화				
손톱의 길이 및 매니큐어 여부				
반지, 시계, 팔찌 등				
짙은 화장				
향수				
손 씻기				
상처유무 및 적절한 조치				
흰색 행주 지참				
사이드 타월				
개인용 조리도구				

일일 위생 점검표(퇴실준비)

점검일 :   년   월   일   이름

점검 항목	실시 여부	점검결과		
		양호	보통	미흡
그릇, 기물 세척 및 정리정돈				
기계, 도구, 장비 세척 및 정리정돈				
작업대 청소 및 물기 제거				
가스레인지 또는 인덕션 청소				
양념통 정리				
남은 재료 정리정돈				
음식 쓰레기 처리				
개수대 청소				
수도 주변 및 세제 관리				
바닥 청소				
청소도구 정리정돈				
전기 및 Gas 체크				

memo

■ 저자 소개

한혜영

안동과학대학교 호텔조리과 교수
Lotte Hotel Seoul Chef
Intercontinental Seoul Coex Chef
숙명여자대학교 한국음식연구원 메뉴개발팀장

김경은

숙명여자대학교 한국음식연구원 연구원
세종음식문화연구원 대표
안동과학대학교 호텔조리과 겸임교수
세종대학교 조리외식경영학과 박사과정

김귀순

구미대학교 식품조리계열 교수
한국산업인력공단 감독위원
영남외식경영컨설팅연구소 한식조리수석연구원
식품가공학박사

김옥란

한국관광대학교 외식경영학과 교수
한국조리학회 이사
한국외식경영학회 이사
경기대학교 대학원 외식조리관리학박사

박영미

한양여자대학교 외식산업과 교수
무형문화재 조선왕조궁중음식 이수자
조리외식경영학박사

송경숙

원광보건대학교 외식조리과 교수
글로벌식음료문화연구소장
한국외식경영학회 상임이사
경기대학교 대학원 외식조리관리학박사

이정기

김해대학교 호텔외식조리과 교수
세종대학교 조리외식경영학과 조리학박사
대한민국 조리기능장
한국산업인력공단 조리기능장 심사위원

정외숙

수성대학교 호텔조리과 교수
한국의맛연구회 부회장
한식기능사 조리산업기사 감독위원
이학박사

정주희

수원여자대학교 식품조리과 겸임교수
Best 외식창업교육연구소 소장
경기대학교 대학원 석사
경기대학교 대학원 박사

조태옥

수원여자대학교 식품영양학과 겸임교수
(사)세종전통음식연구소 소장
세종대학교 대학원 외식경영학박사
농진청 신기술심사위원

한식조리 – 한과

2017년 2월 25일 초판 1쇄 인쇄
2017년 3월 2일 초판 1쇄 발행

지은이 한혜영 · 김경은 · 김귀순 · 김옥란 · 박영미 · 송경숙 · 이정기 · 정외숙 · 정주희 · 조태옥
푸드스타일리스트 이승진
펴낸이 진욱상
펴낸곳 백산출판사
교 정 성인숙
본문디자인 박채린
표지디자인 오정은

저자와의
합의하에
인지첩부
생략

등 록 1974년 1월 9일 제1–72호
주 소 경기도 파주시 회동길 370(백산빌딩 3층)
전 화 02–914–1621(代)
팩 스 031–955–9911
이메일 edit@ibaeksan.kr
홈페이지 www.ibaeksan.kr

ISBN 979–11–5763–277–0
값 11,000원